Internationales Wassernutzungsrecht
und Spieltheorie

Schriften zum Europa- und Völkerrecht und zur Rechtsvergleichung
Herausgegeben von Manfred Zuleeg

Band 1

PETER LANG
Frankfurt am Main · Berlin · Bern · New York · Paris · Wien

Mathias Mühlhans

Internationales Wassernutzungsrecht und Spieltheorie

Die Bedeutung der neueren völkerrechtlichen Vertragspraxis
und der wirtschaftswissenschaftlichen Spieltheorie
für das Prinzip der angemessenen Nutzung
internationaler Binnengewässer

PETER LANG
Europäischer Verlag der Wissenschaften

Die Deutsche Bibliothek - CIP-Einheitsaufnahme

Mühlhans, Mathias:
Internationales Wassernutzungsrecht und Spieltheorie : die
Bedeutung der neueren völkerrechtlichen Vertragspraxis und
der wirtschaftswissenschaftlichen Spieltheorie für das Prinzip
der angemessenen Nutzung internationaler Binnengewässer /
Mathias Mühlhans. - Frankfurt am Main ; Berlin ; Bern ; New
York ; Paris ; Wien : Lang, 1998
  (Schriften zum Europa- und Völkerrecht und zur
  Rechtsvergleichung ; Bd. 1)
  Zugl.: Frankfurt (Main), Univ., Diss., 1998
  ISBN 3-631-33359-5

D 30
ISSN 1436-2007
ISBN 3-631-33359-5
© Peter Lang GmbH
Europäischer Verlag der Wissenschaften
Frankfurt am Main 1998
Alle Rechte vorbehalten.

Das Werk einschließlich aller seiner Teile ist urheberrechtlich
geschützt. Jede Verwertung außerhalb der engen Grenzen des
Urheberrechtsgesetzes ist ohne Zustimmung des Verlages
unzulässig und strafbar. Das gilt insbesondere für
Vervielfältigungen, Übersetzungen, Mikroverfilmungen und die
Einspeicherung und Verarbeitung in elektronischen Systemen.

Vorwort

Die vorliegende Arbeit wurde im Wintersemester 1997/98 vom Fachbereich Rechtswissenschaft der Johann Wolfgang Goethe-Universität Frankfurt a.M. als Dissertation angenommen.

Danken möchte ich zunächst dem Erstgutachter, Herrn Prof. Dr. Michael Bothe. Mit seiner Anregung, die Spieltheorie in die vorliegende Untersuchung einzubeziehen, gab er meiner Arbeit den entscheidenden Impuls. Dem Zweitgutachter, Herrn Prof. Dr. Manfred Zuleeg, danke ich dafür, daß er die Arbeit während meiner Tätigkeit als wissenschaftlicher Mitarbeiter stets wohlwollend und kritisch begleitet hat. Besonders freue ich mich darüber, daß Professor Zuleeg die Arbeit in seine neue Schriftenreihe aufgenommen hat. Schließlich danke ich Herrn Prof. Dr. Alfred Endres und Herrn Dipl.-Ing. agr. Michael Finus vom Fachbereich Wirtschaftswissenschaft der Fernuniversität Hagen; durch die Zurverfügungstellung von Dokumenten im Rahmen des von Professor Endres geleiteten Projekts „Kooperative Lösungen für internationale Umweltprobleme" der VW-Stiftung erhielt ich wertvolle Hinweise für den wirtschaftswissenschaftlichen Teil meiner Arbeit. Frau Rechtsanwältin Christina Kugelstadt stand mir mit vielen Anregungen immer hilfreich zur Seite.

Rechtsprechung und Literatur sind bis März 1998 berücksichtigt.

Frankfurt am Main, im Juni 1998 *Mathias Mühlhans*

Inhaltsverzeichnis

Abkürzungsverzeichnis   XI

Einleitung   1

A. Entwicklung und Kodifikation des Prinzips der angemessenen Nutzung   3

    I. Die Entwicklung der Völkerrechtslehre im internationalen Wassernutzungsrecht   3

    II. Kodifikationsbestrebungen   5

    III. Das Prinzip der angemessenen Nutzung als Völkergewohnheitsrecht   7

B. Die neuere völkerrechtliche Vertragspraxis zum internationalen Wassernutzungsrecht   9

    I. Neuere völkerrechtliche Verträge   9
       1. Europa   9
       2. Naher Osten   13
       3. Asien   16
       4. Afrika   19
       5. Lateinamerika   24
       6. Nordamerika   27
       7. Internationale Dokumente   29

    II. Einteilung und Bewertung der Vertragspraxis   32

    III. Folgerungen für das Prinzip der angemessenen Nutzung   38

C. Spieltheorie und internationale Wassernutzungskonflikte 41

I. Spieltheoretische Betrachtung internationaler Wassernutzungskonflikte 41
  1. Spielmodelle 42
     a) Das „Gefangenendilemma" 42
     b) Das „Chicken Game" 44
     c) Das „Hirschjagd-Spiel" 46
     d) Das „Versicherungs-Spiel" 47
     e) Sonstige Spielsituationen 48
  2. Übertragbarkeit der Spielmodelle auf internationale Wassernutzungskonflikte 49
     a) Kooperative und nicht-kooperative Spiele 50
     b) Endlich und unendlich wiederholte Spiele 52
     c) Staaten als rationale Spieler 55
  3. Zusammenfassung 57

II. Die Bedeutung der Spieltheorie für das Prinzip der angemessenen Nutzung 57
  1. „Kooperative" Ansätze im Prinzip der angemessenen Nutzung 57
     a) „Kooperative" Elemente in den ILA- und ILC-Kodifikationen des Prinzips der angemessenen Nutzung 58
     b) „Kooperative" Elemente im sonstigen Völkergewohnheitsrecht zur Nutzung internationaler Binnengewässer 60
  2. „Kooperative" Ansätze in der völkerrechtlichen Praxis 63
     a) „Kooperative" Elemente im Völkervertragsrecht 64
     b) „Kooperative" Elemente in der Rechtsprechung zu internationalen Wassernutzungskonflikten 68
  3. Zusammenfassung 72

III. Das Prinzip der optimalen Nutzung im internationalen Wassernutzungsrecht 74
  1. Inhalt und Ausprägungen des Prinzips der optimalen Nutzung 74
  2. Das Prinzip der optimalen Nutzung in der völkerrechtlichen Vertragspraxis und die Bedeutung von Ausgleichszahlungen 77
     a) Optimaler Nutzen jedes einzelnen oder sämtlicher Anliegerstaaten zusammen? 77

	b) Völkervertragsrecht und Ausgleichszahlungen	78
	(1) Europa	78
	(2) Naher Osten und Asien	86
	(3) Afrika	89
	(4) Lateinamerika	91
	(5) Nordamerika	93
	(6) Internationale Dokumente	93
	c) Andere Formen des Ausgleichs	94
	d) Zwischenergebnis	95
3. „Property Rights" im internationalen Wassernutzungsrecht?		97
4. Zusammenfassung		101

IV. Folgerungen für das Prinzip der angemessenen Nutzung   102

V. Praktische Umsetzung der Folgen   104

D. Ergebnis   107

E. Summary   109

Literaturverzeichnis   111

Abkürzungsverzeichnis

Abs.	Absatz
A.D.I.	Académie de Droit International de la Haye/Hague Academy of International Law
A.F.D.I.	Annuaire Francais de Droit International
AJIL	American Journal of International Law
Austrian J. Publ. Intl. Law	Austrian Journal of Public and International Law (Österreichische Zeitschrift für öffentliches Recht und Völkerrecht)
BGBl.	Bundesgesetzblatt
BNatSchG	Bundesnaturschutzgesetz
CanYbIL	Canadian Yearbook of International Law
ECE	Economic Commission for Europe, United Nations
EWG	Europäische Wirtschaftsgemeinschaft
FAZ	Frankfurter Allgemeine Zeitung
FCKW	Fluorchlorkohlenwasserstoff
Harvard Intl. Law J.	Harvard International Law Journal
HdUR	Handwörterbuch des Umweltrechts
I.C.J. Rep.	International Court of Justice, Reports of Judgments, Advisory Opinions and Orders
IDI	Institut de Droit International
IGH	Internationaler Gerichtshof
ILA	International Law Association
ILC	International Law Commission, United Nations
I.L.M.	International Legal Materials
Jahrb. Ök.u.Ges.	Jahrbuch Ökonomie und Gesellschaft
Nat.Res.J.	Natural Resources Journal
NuR	Natur und Recht
NVwZ	Neue Zeitschrift für Verwaltungsrecht
NZZ	Neue Zürcher Zeitung
Palest.Yb.I.L.	Palestine Yearbook of International Law
RevREI	Revue Roumaine d'Études Internationales
RGA	Rivista Giuridica dell'Ambiente
RGDIP	Revue Générale de Droit International Public

RGZ	Entscheidungen der Reichsgerichts in Zivilsachen
R.I.A.A.	Reports of International Arbitral Awards
Sp.	Spalte
UNTS	United Nations Treaty Series
UPR	Umwelt- und Planungsrecht
UTR	Jahrbuch des Umwelt- und Technikrechts, Umwelt- und Technikrecht
VN	Vereinte Nationen: Zeitschrift für die Vereinten Nationen und ihre Sonderorganisationen
vol.	volume
WHG	Wasserhaushaltsgesetz
ZfU	Zeitschrift für Umweltpolitik und Umweltrecht
ZfW	Zeitschrift für Wasserrecht

Einleitung

„Bei vielen Kriegen in diesem Jahrhundert ging es um Öl, aber bei den Kriegen des kommenden Jahrhunderts wird es um Wasser gehen", so der Vizepräsident der Weltbank bei der Vorstellung einer Studie zur Wasserknappheit.[1] Portugal wirft Spanien seit langem vor, große Flüsse nur noch als Rinnsale nach Portugal fließen zu lassen[2]; nach jahrzehntelangen Debatten zwischen Lesotho und Südafrika wurde vor kurzem das erste Teilstück eines großen Wasserprojekts fertiggestellt[3]; und im langwierigen Friedensprozeß zwischen Israel und seinen arabischen Nachbarn gilt die streitige Wassernutzung als „Schlüsselfrage für den Frieden"[4]. Allein diese wenigen Beispiele belegen die Brisanz der Nutzung internationaler Binnengewässer.[5]

Zur Lösung der auf diesem Gebiet auftauchenden Probleme bietet sich das völkerrechtliche Prinzip der angemessenen Nutzung an. Dieses bezieht sich auf internationale Wasserläufe bzw. internationale hydrographische Becken, d.h. in aller Regel auf Flußsysteme, die durch mindestens zwei Staaten laufen.[6] Das Prinzip der angemessenen Nutzung hat sich bereits seit mehreren Jahrzehnten im Völkerrecht etabliert.[7] Hier soll zunächst untersucht werden, ob und in-

---

1 Siehe *Frankfurter Allgemeine Zeitung* vom 07.08.1995, S. 11.

2 Siehe *Weimer, FAZ* v. 16.09.1995, S. 13; ders., *FAZ* v. 09.08.1995, S. 8.

3 Siehe *von Lucius, FAZ* v. 18.03.1996, S. 16, und *FAZ* v. 08.03.1995, S.12.

4 Siehe nur *Ulfkotte, FAZ* v. 06.06.1995, S. 3, und *FAZ* v. 17.03.1995, S. 5, sowie *Schiffler*, Aus Politik und Zeitgeschichte B 11/95, S. 13 ff.

5 Für weitere Beispiele siehe nur *Neue Zürcher Zeitung* v. 09.01.1996, S. 10; *Der Spiegel* 22/1992, S. 184 ff.

   Zur Verdeutlichung der Bedeutung von Süßwasser sei darauf hingewiesen, daß nur etwa 2,5% des globalen Wasservorrats als Süßwasser vorliegen, wovon wiederum weniger als 1% in Flüssen und Seen enthalten ist (über 99% des Süßwassers ist in Eis gebunden oder stellt Grundwasser dar); siehe dazu *Lehn/Steiner/Mohr*, Wasser - die elementare Ressource, S. 19.

6 Zur hier nicht weiter interessierenden Unterscheidung zwischen dem Konzept eines internationalen Wasserlaufs oder eines hydrographischen Beckens siehe *Nguyen Quoc/Daillier/Pellet*, Droit International Public, § 715; *Dahm/Delbrück/Wolfrum*, Völkerrecht I/1, § 62 IV 2 m.w.N.

7 Siehe nur den ausführlichen Bericht von *Schwebel*, Third report on the law of the non-navigational uses of international watercourses, in: Yearbook of the International Law Commission 1982, Volume II, Part One, S. 65 ff (75 ff., 85) mit zahlreichen Nachweisen;

wieweit auch neuere Verträge zu internationalen Wassernutzungskonflikten dieses Prinzip berücksichtigen oder es möglicherweise modifizieren, oder ob mittlerweile neue Instrumente zur Lösung von Wassernutzungskonflikten zur Verfügung stehen. Unter Wassernutzung sind dabei insbesondere Wasserableitungen, Wasserstauungen und das Betreiben von Kraftwerken zu verstehen. Nicht eingegangen werden soll dagegen auf das Problem grenzüberschreitender Umweltverschmutzungen. Zwar kann es bei der Nutzung internationaler Binnengewässer auch zu andere Staaten beeinträchtigenden Umweltverschmutzungen kommen, jedoch unterliegen solche Fallkonstellationen eigenen völkerrechtlichen Normen und Grundsätzen.[8] Zu fragen ist auch, ob das relativ unbestimmte Prinzip der „angemessenen" Nutzung einer Konkretisierung bedarf, um in die völkerrechtliche Praxis umgesetzt werden zu können.

In einem zweiten Schritt soll die rein juristisch-völkerrechtliche Ebene verlassen werden, um mit Hilfe der in den Wirtschaftswissenschaften entwickelten Spieltheorie Verteilungsprobleme im internationalen Wassernutzungsrecht zu analysieren. Zu fragen ist, ob die Spieltheorie das Verhalten von Staaten in Bezug auf den Abschluß bzw. Nichtabschluß und die Durchführung bzw. Nichtdurchführung von Verträgen über internationale Binnengewässer erklären kann. Insbesondere soll untersucht werden, ob sich aus der Spieltheorie Strukturen zur Entscheidungsfindung entwickeln lassen, welche zur praktischen Lösung von Konflikten über internationale Binnengewässer beitragen. Aus der wirtschaftswissenschaftlichen Betrachtungsweise wiederum sind dann Rückschlüsse darauf zu ziehen, wie sich diese Lösungsmöglichkeiten juristisch umsetzen lassen. Geklärt werden soll, ob sich aus der Spieltheorie Aussagen über die Brauchbarkeit von Normen machen lassen. Zu untersuchen wird schließlich sein, ob sich aus der Spieltheorie konkrete Handlungsempfehlungen für die Lösung internationaler Wassernutzungskonflikte ableiten lassen.

---

für weitere Angaben siehe auch *Nollkaemper*, Transboundary Water Pollution, S. 61 m.w.N.

8 Siehe nur *Nollkaemper*, Transboundary Water Pollution, mit vielen weiteren Nachweisen.

A. Entwicklung und Kodifikation des Prinzips der angemessenen Nutzung

Herkunft und Verfestigung des Prinzips der angemessenen Nutzung bedürfen nur einer kurzen Erörterung. Die Kenntnis der Entwicklung ist zwar für die Einordnung der völkerrechtlichen Verträge über internationale Binnengewässer hilfreich, jedoch existiert genügend Literatur zur historischen Entwicklung[9], auf die hier verwiesen werden kann.

I. Die Entwicklung der Völkerrechtslehre im internationalen Wassernutzungsrecht

Für die Nutzung internationaler Gewässer sind vier Prinzipien theoretisch denkbar:

1. Das Prinzip der absoluten territorialen Souveränität.
2. Das Prinzip der absoluten territorialen Integrität.
3. Das Prinzip der relativen Souveränität bzw. Integrität.
4. Das Prinzip der Gemeinschaft an Gewässern.[10]

Berber[11] bezeichnete die beiden erstgenannten Prinzipien bereits 1955 als auf einer „individualistischen, archaischen Auffassung des Völkerrechts" beruhend. Der bekannteste Vertreter des Prinzips der absoluten Souveränität, wonach ein Staat bei der Nutzung internationaler Binnengewässer keinerlei Rücksicht auf die Interessen anderer Staaten zu nehmen hat, war der amerikanische Generalstaatsanwalt *Harmon*, der diese Ansicht in einer Erklärung betreffend den Rio Grande[12] vertrat. Da dieses Prinzip jedoch keinen Ansatz für einen Interessenausgleich von Ober- und Unterliegerstaaten bietet, wurde es selten ver-

---

9 Ausführlich *Lipper* in: *Garretson/Hayton/Olmstead*, International Drainage Basins, S. 18 ff.
10 So bereits die Einteilung bei *Berber*, Wassernutzungsrecht, S. 14 f.; ebenso *Lipper* in: *Garretson/Hayton/Olmstead*, International Drainage Basins, S. 18.
11 Siehe *Berber*, Wassernutzungsrecht, S. 15.
12 Zitiert bei *Lipper* in: *Garretson/Hayton/Olmstead*, International Drainage Basins, S. 20.

treten und gehört - zumindest heute - nicht zum geltenden Völkerrecht.[13] Um so erstaunlicher ist die Tatsache, daß sich jüngst die Türkei im Streit mit Syrien und dem Irak darauf berief, daß Euphrat und Tigris „Bodenressourcen der Türkei" seien, und jegliche rechtlichen Ansprüche seiner Nachbarstaaten bezüglich dieser Flüsse von sich wies.[14]

Das Prinzip der absoluten territorialen Integrität, wonach ein Staat die Fortsetzung des natürlichen Abflusses der Gewässer aus anderen Staaten verlangen kann, ist niemals von einem Gericht angewandt worden und weist die obengenannten Schwächen des ersten Prinzips auf.[15] Zudem wird die territoriale Souveränität von Staaten dadurch erheblich ausgehöhlt.[16] Auch dieses Prinzip wird daher heute nicht mehr vertreten.[17]

Dagegen sind die sich notwendig ergänzenden Prinzipien der relativen Souveränität und der relativen Integrität mittlerweile zu Völkergewohnheitsrecht geworden.[18] Danach wird die territoriale Souveränität des einen Staates durch die territoriale Integrität des anderen Staates beschränkt (und umgekehrt). Diese Lehre bedarf der Konkretisierung, die sie z.B. durch das Prinzip der guten Nachbarschaft und den darauf basierenden Grundsatz des „sic utere tuo ut alienum non laedas"[19] erfährt. Auch das Prinzip der angemessenen Nutzung baut auf dem Grundsatz relativer Souveränität bzw. Integrität auf.[20]

Das Prinzip der Gemeinschaft an Gewässern schließlich, welches auf die bestmögliche Nutzung internationaler Binnengewässer durch die Anliegerstaaten abzielt[21], setzt ein hohes Maß an Bereitschaft zur Zusammenarbeit zwischen

---

13 Nach *Lipper* in: *Garretson/Hayton/Olmstead,* International Drainage Basins, S. 22 gehörte es sogar nie zum geltenden Völkerrecht. Nachweise zur völkerrechtlichen Praxis bei: *Schiedermair/Rest* in: HdUR II, Sp. 1129; *Lipper,* a.a.O., S. 21 f.

14 Siehe *FAZ* v. 17.02.1996, S. 5; *NZZ* v. 08.01.1996, S. 3; vgl. bereits *McCaffrey* in: *Gleick,* Water in Crisis, S. 92 (93).

15 Siehe *Lipper* in: *Garretson/Hayton/Olmstead,* International Drainage Basins, S. 18.

16 So *Schiedermair/Rest* in: HdUR II, Sp. 1129.

17 Siehe *Lipper* in: *Garretson/Hayton/Olmstead,* International Drainage Basins, S. 18; ebenso: *Schiedermair/Rest* in: HdUR II, Sp. 1129; *Berber,* Wassernutzungsrecht, S. 15.

18 Siehe nur *Schiedermair/Rest* in: *HdUR II,* Sp. 1129; *Lipper* in: *Garretson/Hayton/Olmstead,* International Drainage Basins, S. 23 ff.

19 Zu diesen Prinzipien siehe *Beyerlin* in: *FS Doehring,* S. 37 (54 ff.).

20 Siehe *Schiedermair/Rest* in: HdUR II, Sp. 1131; *Lipper* in: *Garretson/Hayton/Olmstead,* International Drainage Basins, S. 33.

21 Dazu ausführlicher: *Lipper* in: *Garretson/Hayton/Olmstead,* International Drainage Basins, S. 38 ff.

den Staaten voraus. Diese Bereitschaft ist jedoch bei Wassernutzungskonflikten häufig nur schwach ausgeprägt. Zudem wird eine enge wirtschaftliche Zusammenarbeit teilweise durch die unterschiedliche wirtschaftliche Potenz der Anliegerstaaten erschwert.[22] Somit stellt das Prinzip der Gemeinschaft an Gewässern zwar einen „Idealfall" von völkerrechtlichen Wassernutzungsverträgen dar[23], konnte sich aber nicht allgemein durchsetzen.[24]

II. Kodifikationsbestrebungen

Um den Grundsatz der relativen Souveränität bzw. Integrität für die Nutzung internationaler Binnengewässer zu konkretisieren, wurde das Prinzip der angemessenen Nutzung („principle of equitable utilization/ equitable apportionment") entwickelt. Es dient dazu, die Nutzungsvorteile an Gewässern gerecht unter den Anliegerstaaten aufzuteilen und die Gewässer gleichzeitig möglichst wenig zu belasten.[25]

Erstmals wurde das Prinzip der angemessenen Nutzung von der *International Law Association* in den - völkerrechtlich nicht verbindlichen - „Helsinki Rules on the Uses of the Waters of International Rivers"[26] von 1966 kodifiziert. Dort heißt es in Artikel IV:

„Each basin State is entitled, within its territory, to a reasonable and equitable share in the beneficial uses of the waters of an international drainage basin."

Zur Bestimmung einer angemessenen Nutzung im Einzelfall zählt Artikel V folgende Faktoren auf:

„1. What is a reasonable and equitable share within the meaning of Article IV is to be determined in the light of all relevant factors in each particular case.
2. Relevant factors which are to be considered include, but are not limited to:

---

22 So *Lipper* in: *Garretson/Hayton/Olmstead*, International Drainage Basins, S. 38 ff.
23 Vertragsbeispiele bei: *Lipper* in: *Garretson/Hayton/Olmstead*, International Drainage Basins, S. 39 f.; *Berber*, Wassernutzungsrecht, S. 21 f.
24 Siehe *Lipper* in: *Garretson/Hayton/Olmstead*, International Drainage Basins, S. 40.
25 Siehe *Schiedermair/Rest* in: HdUR II, Sp. 1131; ausführlich zur Entwicklung dieses Prinzips: *Lipper* in: *Garretson/Hayton/Olmstead*, International Drainage Basins, S. 41 ff.
26 *ILA*, Reports of the Fifty-second Conference, Helsinki 1966, S. 484 ff.

(a) the geography of the basin, including in particular the extent of the drainage area in the territory of each basin State;
(b) the hydrology of the basin, including in particular the contribution of water by each State;
(c) the climate affecting the basin;
(d) the past utilization of the waters of the basin, including in particular existing utilization;
(e) the economic and social needs of each basin State;
(f) the population dependent on the waters of the basin in each basin State;
(g) the comparative costs of alternative means of satisfying the economic and social needs of each basin State;
(h) the availability of other resources;
(i) the avoidance of unnecessary waste in the utilization of waters of the basin;
(j) the practicability of compensation to one or more of the co-basin States as a means of adjusting conflicts among uses; and
(k) the degree to which the needs of a basin State may be satisfied, without causing substantial injury to a co-basin State;
3. The weight to be given to each factor is to be determined by its importance in comparison with that of other relevant factors. In determining what is a reasonable and equitable share, all relevant factors are to be considered together and a conclusion reached on the basis of the whole."

Die zweite umfassende Kodifikation[27] des Prinzips der angemessenen Nutzung, die „Convention on the Law of the non-navigational Uses of International Watercourses"[28], wurde am 21. Mai 1997 von der UN-Generalversammlung verabschiedet. Diese Konvention basiert auf einem Entwurf der *Völkerrechtskommission* (*International Law Commission*) der Vereinten Nationen, welche seit 1971 mit dem Thema befaßt war. Obwohl die Konvention noch nicht in Kraft getreten ist, ist sie für das internationale Wassernutzungsrecht von großer Bedeutung. Artikel 5 lautet:

„1. Watercourse States shall in their respective territories utilize an international watercourse in an equitable and reasonable manner. In particular, an international watercourse shall be used and developed by watercourse States with a view to attaining optimal and sustainable utilisation thereof and benefits therefrom, taking into account the

---

27 Nicht berücksichtigt sind dabei Dokumente zur hier nicht behandelten Umweltverschmutzung, wie z.B. die „Rules on Water Pollution in an International Drainage Basin" der *ILA* (Reports of the Sixtieth Conference, Montreal 1982, S. 535 ff.) oder die Resolution betreffend „La Pollution des fleuves et des lacs et le droit international" des *Institut de Droit International* (Annuaire 58 II [1979], S. 196 ff.).
28 I.L.M. 36 (1997), S. 700 ff.

interests of the watercourse States concerned, consistent with adequate protection of the watercourse.
2. Watercourse States shall participate in the use, development and protection of an international watercourse in an equitable and reasonable manner. Such participation includes both the right to utilize the watercourse and the duty to cooperate in the protection and development thereof, as provided in the present Convention."

Wiederum stellt Artikel 6 konkrete Kriterien auf:

„1. Utilization of an international waterway in an equitable and reasonable manner within the meaning of article 5 requires taking into account all relevant factors and circumstances, including:
(a) geographic, hydrographic, hydrological, climatic, ecological and other factors of a natural character;
(b) the social and economic needs of the watercourse States concerned;
(c) the population dependent on the watercourse in each watercourse State;
(d) the effects of the use or uses of the watercourse in one watercourse State on other watercourse States;
(e) existing and potential uses of the watercourse;
(f) conservation, protection, development and economy of use of the water resources of the watercourse and the costs of measures taken to that effect;
(g) the availability of alternatives, of comparable value, to a particular planned or existing use.
2. In the application of article 5 or paragraph 1 of this article, watercourse States concerned shall, when the need arises, enter into consultations in a spirit of cooperation.
3. The weight to be given to each factor is to be determined by its importance in comparison with that of other relevant factors. In determining what is a reasonable and equitable use, all relevant factors are to be considered together and a conclusion reached on the basis of the whole."

III. Das Prinzip der angemessenen Nutzung als Völkergewohnheitsrecht

Während früher die Qualität des Prinzips der angemessenen Nutzung als allgemeiner Rechtsgrundsatz i.S.d. Artikel 38 Absatz 1 lit. c des IGH-Statuts diskutiert wurde[29], ist das Prinzip mittlerweile zu Völkergewohnheitsrecht er-

---

29 Siehe z.B. *Stoll*, Das völkerrechtliche Prinzip der angemessenen Nutzung, S. 137 ff.; *Berber*, Wassernutzungsrecht, S. 132 ff.

starkt.[30] Dies sei bereits an dieser Stelle - und lediglich feststellend - erwähnt, da es im folgenden allein um die Vertragspraxis und die Folgerungen aus einer wirtschaftswissenschaftlichen Betrachtung internationaler Wassernutzungskonflikte, nicht aber um die Entwicklung und rechtsquellentheoretische Einordnung des Prinzips der angemessenen Nutzung gehen soll.

---

30 Siehe nur *Heintschel von Heinegg* in: *Ipsen*, Völkerrecht, § 53 Rdnr. 7 m.w.N.; *Bourne*, Nat.Res.J. 36 (1996), S. 155 (215 f.).

B. Die neuere völkerrechtliche Vertragspraxis zum internationalen Wassernutzungsrecht

Im folgenden Kapitel zur völkerrechtlichen Vertragspraxis liegt der Schwerpunkt der Untersuchung auf Verträgen, die ab Ende der 70er Jahre abgeschlossen wurden. Zum einen interessiert in dieser Arbeit besonders, ob und in welchem Maße das Prinzip der angemessenen Nutzung auch in neuere Verträge Eingang gefunden hat, oder ob mittlerweile andere Instrumente zur Lösung von Wassernutzungsproblemen entwickelt wurden. Zum anderen stehen für ältere Verträge eingehende Untersuchungen[31] zur Verfügung, welche die Bedeutung des Prinzips der angemessenen Nutzung erörtern.

I. Neuere völkerrechtliche Verträge

1. Europa

Als Beispiel für den Niederschlag, den das Prinzip der angemessenen Nutzung in der Vertragspraxis gefunden hat, sei hier zunächst das „Übereinkommen über die Regelung von Wasserentnahmen aus dem Bodensee"[32] von 1966 zwischen der Bundesrepublik, Österreich und der Schweiz genannt. Darin heißt es, daß jeder Anliegerstaat bestrebt sein wird, „bei Wasserentnahmen den berechtigten Interessen der anderen Anliegerstaaten angemessen Rechnung zu tragen" (Artikel 1 Abs. 2). Anhaltspunkte für diese Interessenabwägung, so z.B. die „Sicherung und Entwicklung der Lebens- und Wirtschaftsverhältnisse des Bodenseeraumes", finden sich in Artikel 3 Abs. 1. Das Prinzip der angemessenen Nutzung wird in diesem Vertrag jedoch nicht durch genaue Zielvorgaben konkretisiert.

Für dieses Prinzip besonders aufschlußreich ist der ungarisch-tschechoslowakische „Vertrag über den Bau und den Betrieb des Wasserstufen-

---

31 So etwa (in chronologischer Reihenfolge): *Berber*, Wassernutzungsrecht; *Garretson/Hayton/Olmstead*, International Drainage Basins; *Dräger*, Die Wasserentnahme aus internationalen Binnengewässern; *Stoll*, Das völkerrechtliche Prinzip der angemessenen Nutzung; *Zacklin/Caflisch*, International Rivers and Lakes.
32 BGBl. 1967 II, S. 2314 f.

systems Gabcíkovo-Nagymaros"[33] vom 16.09.1977. Dieser Staatsvertrag über ein System von Wasserstufen mit Stauanlagen, Wasserkraftwerken und Schleusen auf der Donau greift einerseits nämlich in verschiedenen Bestimmungen auf das Prinzip der angemessenen Nutzung zurück, andererseits berief sich jedoch Ungarn in seiner Kündigung dieses Vertrages auf eben jenes Prinzip. So heißt es in Artikel 9 des Vertrages, daß die Parteien in gleichem Maß („in equal measure") am Gebrauch und den Erträgen des Wasserstufensystems und der Wasserkraftwerke teilhaben. Auch an anderen Stellen des Abkommens wird Rücksicht auf die Interessen des Vertragspartners bei der Wassernutzung verlangt (u.a. Artikel 10 und 14). Die Umsetzung des Staatsvertrages verlief jedoch auf ungarischer Seite nur sehr schleppend, bis die Regierung nach mannigfach geäußerten - insbesondere umweltpolitischen - Bedenken schließlich 1989 einen Baustopp auf ungarischem Territorium (Nagymaros) verfügte.[34] 1992 wurde der Vertrag nach ergebnislos verlaufenen Verhandlungen auf diplomatischer Ebene in einer einseitigen Erklärung[35] der ungarischen Regierung für beendet erklärt. Interessant ist hieran, daß Ungarn in der Kündigung ausdrücklich[36] darauf hinweist, daß die mittlerweile erfolgte Inbetriebnahme der auf slowakischem Territorium gelegenen Anlagen bei Gabcíkovo gegen das Prinzip der angemessenen Nutzung verstoße. Während Ungarn also zunächst mit seinem Vertragspartner dieses Prinzip im Abkommen verankerte, hält es nun die geplante Durchführung des Abkommens ohne die gewünschten Modifikationen für einen Verstoß gegen dieses Prinzip.[37] Es zeigt sich also, daß auch in der Erklärung Ungarns von 1992 auf das Prinzip der angemessenen Nutzung zurückgegriffen wird und kein Hinweis auf eventuelle dieses ersetzende neuere Entwicklungen erfolgt. Die Streitigkeit wurde mit einer besonderen Vereinbarung[38] 1993 dem *Internationalen Gerichtshof* unterbreitet und jüngst entschieden. Nach dem Urteil[39] des IGH vom 25.09.1997 durfte Ungarn nicht einseitig die Arbeiten an dem gemeinsamen Projekt aussetzen; der Vertrag konnte durch die „Kündigungser-

---

33 UNTS 1109, S. 212 ff. = I.L.M. 32 (1995), S. 1247 ff.

34 Detaillierte Darstellungen der Ereignisse finden sich bei *Sands*, International Environmental Law I, S. 351 ff., und bei *Vida*, UTR 15 (1991), S. 313 ff.; dazu siehe auch *Arcari*, RGA 1993, S. 951 ff., und *Rüb*, *FAZ* v. 28.02.1998, S. 9 f.

35 I.L.M. 32 (1993), S. 1260 ff.

36 Unter III.5. lit. d (a.a.O., S. 1286 f.).

37 Zu den manigfaltigen rechtlichen Problemen, welche dieser Fall aufwirft, siehe auch *Berrisch*, Austrian J. Publ. Intl. Law 46 (1994), S. 231 ff.

38 I.L.M. 32 (1993), S. 1293 ff.

39 I.L.M. 37 (1998), S. 162 ff.

klärung" nicht wirksam beendet werden und besteht daher fort. Beide Seiten werden zu Verhandlungen über die Fortführung des Vertrages in gutem Glauben aufgefordert.[40] Ausdrücklich nimmt der *IGH* auch Bezug auf den eben besprochenen Artikel 5 der *ILC*-Konvention[41] von 1997.[42]

Ein weiteres Anwendungsbeispiel für das Prinzip der angemessenen Nutzung bildet der „Vertrag zwischen der Republik Österreich einerseits und der Bundesrepublik Deutschland und der Europäischen Wirtschaftsgemeinschaft andererseits über die wasserwirtschaftliche Zusammenarbeit im Einzugsgebiet der Donau"[43] vom 01.12.1987. Zwar wird das Prinzip im Vertrag nicht näher konkretisiert, da dieser überwiegend prozessuale und institutionelle Bestimmungen (so z.B. gegenseitige Mitteilungspflichten[44] und die Einsetzung einer Ständigen Wasserkommission[45]) enthält. Jedoch spiegelt der gesamte Vertrag das Prinzip der angemessenen Nutzung insofern wider, als er von Abstimmung und gegenseitiger Rücksichtnahme bei der Wassernutzung geprägt ist.[46] Auch in Verfahrensregeln kann also das Prinzip der angemessenen Nutzung seinen Ausdruck finden.

Das gleiche gilt für die französisch-italienische „Convention relative à l'alimentation en eau de la commune de Menton"[47] von 1967, in der sich Italien zur Ableitung von Wasser aus dem italienischen Fluß Roya nach Frankreich bereiterklärt und damit die Notwendigkeit der Zusammenarbeit auf dem Gebiet der Wassernutzung anerkennt. Ebenso stimmen sich Frankreich und die Bundesrepublik im „Vertrag über den Ausbau des Rheins zwischen Kehl/Strassburg und Neuburgweier/Lauterburg"[48] von 1969 bei Wasserentnahmen aus dem Rhein ab und stellen fest, daß die natürliche Wasserkraft in dem bestimmten

---

40 Zur jüngsten Entwicklung siehe *Rüb*, *FAZ* v. 28.02.1998, S. 9 f.
41 Siehe oben S. 6 f.
42 Siehe Textziffer 147 des Urteils, I.L.M. 37 (1998), S. 162 (201).
    Ausführlicher zu diesem Urteil siehe unten C.II.2.b.
43 BGBl. 1990 II, S. 791 ff.
44 Artikel 2 des Vertrages
45 Artikel 7 sowie Anhang 1 des Vertrages.
46 Zu diesem Vertrag siehe auch *Lang*, Internationaler Umweltschutz, S. 47 f.
47 UNTS 940, S. 197 ff.
48 UNTS 760, S. 305 ff.

Flußabschnitt beiden je hälftig zusteht.[49] Diese Regelungen entsprechen dem Prinzip der angemessenen Nutzung in gleicher Weise wie das finnisch-norwegisch-sowjetische „Agreement concerning the Regulation of Lake Inari by means of the Kaitakoski hydro-electric Power Station and Dam"[50] von 1959.

Auch die „Übereinkommen zum Schutz der Flüsse Maas und Schelde"[51] vom 26.04.1994 zwischen den drei belgischen Regionen, Frankreich und den Niederlanden weisen in Artikel 2 Absatz 1 auf die nachbarschaftliche Zusammenarbeit und gegenseitige Interessenwahrung hin, geben aber dennoch nur geringen Aufschluß über das Prinzip der angemessenen Nutzung, weil sie sich fast ausschließlich auf Umweltschutzfragen beschränken.

Schließlich hat das Prinzip der angemessenen Nutzung in jüngster Zeit seinen Niederschlag in drei weiteren Verträgen gefunden: in der „Vereinbarung über die Internationale Kommission zum Schutz der Elbe"[52] von 1990 zwischen der Bundesrepublik, der damaligen Tschechischen und Slowakischen Föderativen Republik und der damaligen EWG, im „Vertrag zwischen der Bundesrepublik Deutschland und der Tschechischen Republik über die Zusammenarbeit auf dem Gebiet der Wasserwirtschaft an den Grenzgewässern"[53] vom 12.12.1995 sowie im „Vertrag über die Internationale Kommission zum Schutz der Oder gegen Verunreinigung"[54] vom 11.04.1996 zwischen Deutschland, Polen, der Tschechischen Republik und der Europäischen Gemeinschaft, worin eine Kooperation in verschiedenen Bereichen der Wassernutzung und des Umweltschutzes vereinbart wird.

Ebenso verweist das „Übereinkommen über die Zusammenarbeit zum Schutz und zur verträglichen Nutzung der Donau"[55] vom 29.06.1994 zwischen der Bundesrepublik und neun weiteren Vertragsparteien auf eine „gerechte Wasserwirtschaft"[56] sowie auf eine „verträgliche und gerechte Nutzung der Wasserressourcen"[57].

---

49 Siehe Artikel 12 und 7 des Vertrags, a.a.O., sowei ähnlich lautende Bestimmungen in der Zusatzvereinbarung von 1975, UNTS 1025, S. 392 ff.
50 UNTS 346, S. 167 ff.
51 I.L.M. 34 (1995), S. 854 ff., 859 ff.
52 BGBl. 1992 II, S. 943 ff.
53 BGBl. 1997 II, S. 925 ff.
54 Noch nicht veröffentlicht.
55 BGBl. 1996 II, S. 875 ff.
56 Artikel 2 Abs. 1 des Übereinkommens.
57 Artikel 6 des Übereinkommens.

Es zeigt sich also, daß das Prinzip der angemessenen Nutzung auch in den neueren europäischen Verträgen zur Lösung von Wassernutzungskonflikten herangezogen wird. Dabei wird es zwar nicht immer anhand spezieller Kriterien konkretisiert, findet seinen Ausdruck aber oftmals in der Aufstellung von Verfahrensregeln.

2. Naher Osten

Eine wichtige Stufe in der Entwicklung des Prinzips der angemessenen Nutzung stellt der Friedensvertrag zwischen Israel und dem Haschemitischen Königreich Jordanien[58] vom 26.10.1994 dar. Hierin werden bezüglich des Problems der Verteilung knapper Wasserressourcen genau quantifizierte Abmachungen getroffen. Solche detaillierten Festlegungen waren bis dahin allenfalls aus internationalen Verträgen zum Umweltschutz[59] oder aus den frühen Wassernutzungsverträgen wie dem Nil-Vertrag[60], dem Indus-Vertrag[61], dem Columbia-Vertrag[62], der Menton-Konvention[63], dem Ganges-Vertrag[64] und dem Paraná-Vertrag[65] bekannt, dann aber lange nicht mehr ausgehandelt worden. Im israelisch-jordanischen Friedensvertrag wird zunächst das Prinzip der angemessenen Nutzung anerkannt (Artikel 6 des Vertrages). In der Anlage II wird sodann eine konkrete Aufteilung des Wassers aus Yarmuk und Jordan - unterschieden nach Sommer- und Winterzeitraum - vorgenommen.[66] Dieser Fortschritt im Hinblick auf eine Konkretisierung im internationalen Wassernut-

---

58 I.L.M. 34 (1995), S. 43 ff.

59 Siehe z.B. das „Übereinkommen zum Schutz des Rheins gegen Verunreinigung durch Chloride" von 1976 (BGBl. 1978 II, S. 1065 ff; siehe auch das Zusatzprotokoll vom 25.09.1991 [BGBl. 1994 II, S. 1303 ff.]) und das „Aktionsprogramm Elbe" (*Internationale Kommission zum Schutz der Elbe*, Magdeburg 15.11.1995).

60 UNTS 453, S. 51 ff.; dazu siehe unten unter 4.

61 UNTS 419, 125 ff.; dazu siehe unten unter 3.

62 UNTS 542, S. 244 ff.; dazu siehe unten unter 6.

63 UNTS 940, S. 197 ff.

64 UNTS 1066, S. 3 ff. = I.L.M. 17 (1978), S. 103 ff.; dazu siehe unten unter 3.

65 I.L.M. 19 (1980), S. 615 ff.; dazu siehe unten unter 5.

66 Erläuterungen zu den wasserrechtlichen Bestimmungen des Vertrages finden sich in: *Government of Israel*, Development Options for Cooperation, Kapitel 4 (2.2 ff.), S. 15 ff.

zungsrecht ist um so erstaunlicher, als vorher wegen der Spannungen zwischen Israel und seinen arabischen Nachbarn jeder Plan zur gerechten Wasseraufteilung in der Region scheiterte.[67] In dieselbe Richtung weisen die israelisch-palästinensische Grundsatzerklärung[68] vom 13.09.1993 sowie das „Israeli-Palestinian Interim Agreement on the West Bank and the Gaza Strip"[69] vom 28.09.1995. Während erstere noch allgemein auf die Anwendung des Prinzips der angemessenen Nutzung in den Wirtschaftsbeziehungen hinweist[70], werden im Interim-Abkommen bereits konkrete Zahlenangaben über die geplante Wasserversorgung gemacht.[71] Das letztgenannte Abkommen ist geradezu ein Musterfall für die Umsetzung des Prinzips der angemessenen Nutzung in konkrete Vorgaben. Israel erkennt in diesem Abkommen zunächst die palästinensischen Wasserrechte im Westjordanland an.[72] Dies ist wegen der vorhergehenden Spannungen keineswegs eine Selbstverständlichkeit.[73] Weiterhin betonen die Vertragspartner die Notwendigkeit, zusätzliche Wasserquellen zu erschließen.[74] Diese Bestimmung ist angesichts der Tatsache, daß das Problem der Wassernutzung nicht mehr nur - wie dies in der Vergangenheit oft der Fall war - als Problem der Verteilung betrachtet wer-

---

67 Der bekannteste dieser Pläne war der „Johnston-Plan" aus dem Jahr 1955; dazu: *Dombrowsky*, Wasserprobleme im Jordanbecken, S. 43 ff.; *Mustafa* in: *Isaac/Shuval*, Water and Peace, S. 123 (126); *Caponera*, Nat.Res.J. 33 (1993), S. 629 (640); *Fishelson* in: *Kally/Fishelson*, Water Resources, S. 16 ff; *Dellapenna*, Palest.Yb.I.L. V (1989), S. 15 (26 f.).

68 „Declaration of Principles on Interim Self-Government Arrangements", I.L.M. 32 (1993), S. 1525 ff.

69 I.L.M. 36 (1997), S. 551 ff.

70 Anhang III der Erklärung (I.L.M. 32 [1993], S. 1538 f.).

71 Zu einem Vorschlag, die Wassernutzung zwischen Israel und den Palästinensern anhand der in den „Helsinki Rules" und dem *ILC*-Entwurf enthaltenen Faktoren gerechter zu regeln, siehe (noch vor Abschluß des Interim-Abkommens) *Elmusa*, Nat.Res.J. 35 (1995), S. 223 (232 ff.).

Zur Ungeeignetheit der Normen des humanitären Völkerrechts, die in den von Israel besetzten Gebieten auftretenden Wassernutzungsprobleme angemessen zu lösen, siehe *Dichter*, Harvard Intl. Law J. 35 (1994), S. 565 ff. Das Prinzip der angemessenen Nutzung bietet daher einen besseren Weg zur Lösung des beschriebenen Konflikts.

72 Annex III zum Abkommen: „Protocol Concerning Civil Affairs", Appendix 1, Artikel 40 Abs. 1.

73 Jedoch kommt es nach wie vor zu Streitigkeiten über Wasser zwischen Israel und den Palästinensern, siehe jüngst z.B. *FAZ* v. 05.03.1998, S. 9.

74 Artikel 40 Abs. 2 des Protokolls.

den kann, da das vorhandene Wasser nicht ausreicht[75], ein großer Fortschritt im internationalen Wassernutzungsrecht. Sodann vereinbaren die Parteien eine detaillierte Zusammenarbeit in Fragen des Wassermanagements.[76] Die politisch zentrale Bestimmung[77] in Wasserfragen schließlich besagt, daß Israel den Palästinensern zusätzlich 28,6 Millionen Kubikmeter Wasser im Jahr zur Verfügung stellen wird. Zudem werden noch die Einrichtung eines gemeinsamen Wasser-Komitees beschlossen sowie Regelungen bezüglich Überwachung des Abkommens, Datenaustausch u.ä. getroffen.[78]

Hingewiesen sei noch auf die neue israelisch-jordanisch-palästinensische „Declaration on Cooperation on Water-related Matters"[79] vom 13.02.1997, welche u.a. konkrete Materien der Zusammenarbeit auflistet.

Die bisher genannten völkerrechtlichen Dokumente im Nahen Osten sprechen also dafür, daß das Prinzip der angemessenen Nutzung nicht nur weiterhin Gültigkeit besitzt, sondern durch die hinzukommende Konkretisierung sogar gestärkt wird. Wie diese Konkretisierung erfolgt, bleibt dem Verhandlungsgeschick der Vertragspartner überlassen; allgemeine Regeln, wie das Prinzip der angemessenen Nutzung in konkrete Zahlen umgesetzt werden kann, lassen sich aus den besprochenen Abkommen nicht herleiten.

Eines der wenigen Beispiele, in denen das Prinzip der angemessenen Nutzung - im Gegensatz etwa zu den genannten israelisch-jordanischen und israelisch-syrischen Verträgen - keinen praktischen Niederschlag finden konnte, bildet der Streit der Türkei mit Syrien und dem Irak über die Wassernutzung von Euphrat und Tigris.[80] Während Syrien und der Irak ein gerechtes Abkommen zur Wassernutzung fordern, verwirklicht die Türkei seit den 80er Jahren das „Große Anatolien Projekt", das den Bau von etwa 20 Staudämmen und

---

75 So auch die *israelische Regierung* in: Development Options for Cooperation, Kapitel 4 (1.2), S. 2 f.; ebenso *Braverman*, Internationale Politik 7/1995, S. 51 f.

76 Artikel 40 Absätze 3 und 20 des Protokolls. Zu den verschiedenen in der Diskussion befindlichen Vorschlägen zum Wassermanagement in der Region siehe *Schiffler*, Aus Politik und Zeitgeschichte B 11/95, S. 13 (16 ff.).

77 Artikel 40 Abs. 7 des Protokolls.

78 Artikel 40 passim und anhängende Schedules 8 bis 11 des Protokolls.

79 I.L.M. 36 (1997), S. 761 ff.

80 Dazu: *FAZ* v. 17.02.1996, S. 5; *NZZ* v. 08.01.1996, S. 3; *McCaffrey* in: *Gleick*, Water in Crisis, S. 92 (93); „*Der Spiegel*" 19/1996, S. 154 f. und 12/1992, S. 184 (189).

ebensovielen Kraftwerken mit sich bringt.[81] Unter Mißachtung des Grundsatzes der relativen Souveränität betont die Türkei immer wieder, daß sie keine Verpflichtung habe, Wasser an die Unterliegerstaaten weiterfließen zu lassen.[82] Da die Unterlieger den von der Türkei vertretenen Grundsatz der absoluten Souveränität nicht anerkennen, besagt dieser Fall aber nichts gegen das Prinzip der angemessenen Nutzung.[83]

3. Asien

Der bekannteste asiatische Vertrag, der auf das Prinzip der angemessenen Nutzung aufbaut, ist der „Indus-Vertrag"[84] zwischen Indien und Pakistan aus dem Jahr 1960. Dieser enthielt erstmals in der völkerrechtlichen Vertragspraxis eine detaillierte Aufteilung der Wassernutzungsrechte, die in den sehr umfassenden Anhängen in konkrete Zahlenvorgaben umgesetzt wurde. Obwohl es sich um einen älteren Vertrag handelt[85], ist er insofern für die neuere Entwicklung der Vertragspraxis interessant, als er nach seinem ausdrücklichen Wortlaut[86] keinen allgemeinen Rechtsgrundsatz begründen wollte. Daher wurde damals befürchtet, daß das Prinzip der angemessenen Nutzung in Zukunft wieder in Frage gestellt werden könnte.[87]

Diese Befürchtungen wurden in Asien jedoch durch den „Vertrag über die Teilung des Ganges-Wassers"[88] zwischen Indien und Bangladesch vom 05.11.1977 zerstreut, in dem eine gerechte Verteilung des Wassers festgeschrieben wird. Zuletzt wurde der Vertrag durch die Fassung vom 12.12.1996[89]

---

81 Zum geschichtlichen Hintergrund und der unklaren Rechtslage bezüglich älterer Verträge: *Caponera*, Austrian J. Publ. Intl. Law 45 (1993), S. 147 ff.

82 Siehe *FAZ* v. 17.02.1996, S. 5; *NZZ* v. 08.01.1996, S. 3; *McCaffrey* in: *Gleick*, Water in Crisis, S. 92 (93).

83 Vgl. dazu auch *McCaffrey/Sinjela*, AJIL 92 (1998), S. 97 (103).

84 UNTS 419, S. 125 ff.

85 Ausführlich zu diesem Abkommen: *Accariez* in: *Zacklin/Caflish*, International Rivers and Lakes, S. 53 ff.; *Baxter* in: *Garretson/Hayton/Olmstead*, International Drainage Basins, S. 443 ff.

86 In Artikel XI Abs. 2.

87 Siehe *McCaffrey* in: *Gleick*, Water in Crisis, S. 92 (95).

88 UNTS 1066, S. 3 ff. = I.L.M. 17 (1978), S. 103 ff.

89 I.L.M. 36 (1997), S. 519 ff.

erneuert.[90] Auffallend an dem Abkommen ist, daß hier eine nach konkreten Quanten vorgenommene Aufteilung des Wassers stattfindet. Eine solche Konkretisierung des Prinzips der angemessenen Nutzung war bis dahin noch unüblich. Allenfalls der Nil-Vertrag von 1959 und der Indus-Vertrag hatten bereits eine Wasseraufteilung nach Quanten[91] bzw. nach östlichen und westlichen Flüssen des Einzugsgebiets[92] vorgenommen, und im nordamerikanischen Columbia-Vertrag war die Speicherkapazität bestimmter Staudämme festgeschrieben worden[93].

Die unverändert hohe Brisanz von Wassernutzungskonflikten wird durch die zwei jüngsten indisch-nepalesischen Verträge über Wasserfragen unterstrichen. Am 12.02.1996 wurde der „Treaty Concerning the Integrated Development of the Mahakali River"[94] unterzeichnet. Durch dieses Abkommen wird eine angemessene Aufteilung sowohl des Wassers des Mahakali (für Bewässerungszwecke und Überflutungskontrolle) als auch der durch die Wasserkraft erzeugten Energie (Errichtung bzw. Erweiterung von drei Wasserkraftwerken) bewirkt. Bezüglich der Wasseraufteilung werden nach Jahreszeiten bestimmte, genaue Mindestzufuhrmengen unterhalb von Staudämmen festgelegt.[95] Nur fünf Tage später wurde ein Vertrag über den freien Handel von Energie zwischen Indien und Nepal geschlossen.[96] Hintergrund dieser Verträge ist, daß Nepal für die Nutzung seines hohen Potentials an Wasserkraft auf ausländisches Kapital und ausländische Technologie angewiesen ist, während Indien zur Deckung des steigenden Energiebedarfs seiner nordöstlichen Bundesstaaten auf die Wasserkraft aus dem indisch-nepalesischen Grenzgebiet zurückgreifen möchte.[97] Beiden Verträgen kommt um so größere Bedeutung zu, als Fragen der Wassernutzung zwischen Indien und Nepal jahrzehntelang zu Spannungen geführt hatten und früher geschlossene Abkommen von nepalesischer Seite oft als

---

90 Es sei allerdings darauf hingewiesen, daß die jeweilige Verlängerung des Abkommens nicht ohne Schwierigkeiten verlief, siehe: *Nguyen Quoc/Daillier/Pellet*, Droit International Public, § 721; *McCaffrey* in: *Gleick*, Water in Crisis, S. 92 (95); *Accariez* in: *Zacklin/Caflish*, International Rivers and Lakes, S. 53 (70).
91 Siehe Artikel 1 des Nil-Vertrages, UNTS 453, S. 51 ff.; dazu gleich unter 4.
92 Siehe Artikel II und III des Indus-Vertrages sowie die umfangreichen Anhänge, UNTS 419, S. 125 ff.
93 Artikel II des Vertrages, UNTS 542, S. 244 ff; dazu siehe unten unter 6.
94 I.L.M. 36 (1997), S. 531 ff.
95 Siehe Artikel 1 f. des Vertrages.
96 Siehe Berichte in *The Statesman* v. 18.02.1996 und *The Hindustan Times* v. 15.02.1996.
97 Siehe die eben zitierten Berichte.

wenig fair empfunden wurden[98]; letzteres ist jedoch bei dem Mahakali-Vertrag ausdrücklich nicht der Fall[99], so daß auch die indisch-nepalesischen Beziehungen nun von einer dem Prinzip der angemessenen Nutzung entsprechenden Haltung in Fragen der Wassernutzung geleitet werden.

Auch das chinesisch-mongolische „Agreement on the Protection and the Utilization of Transboundary Waters" vom 29.04.1994 geht in seinen Artikeln 2 und 4 vom Prinzip der angemessenen Nutzung aus.[100] Das gleiche gilt für das „Agreement on Cooperation in the Management, Utilization and Protection of Interstate Water Resources"[101] vom 18.02.1992 zwischen Kasachstan, Kirgisistan, Tadschikistan, Turkmenistan und Usbekistan, welches insbesondere wegen des dramatischen Schrumpfens des Aralsees Brisanz erhält. In diese Richtung weisen auch zwei sich ähnelnde Abkommen zwischen Rußland und Kasachstan bzw. Rußland und der Ukraine aus dem Jahr 1992.[102] Dagegen wird in einer früheren Vereinbarung mehrerer Staaten auf dem Territorium der ehemaligen Sowjetunion noch das Recht jedes Staates betont, seine eigene Politik hinsichtlich der Ausbeutung seiner natürlichen Ressourcen zu verfolgen („Agreement on Cooperation in the Field of Ecology and Protection of the Natural Environment"[103] vom 08.02.1992). Auch die Abkommen über den Aralsee werden teilweise als dem heutigen Stand des Völkerrechts und dem Prinzip der angemessenen Nutzung nicht entsprechend kritisiert.[104]

Eine weitere Stärkung erfährt das Prinzip der angemessenen Nutzung dagegen im „Agreement on the Cooperation for the Sustainable Development of the Mekong River Basin"[105] vom 05.04.1995 zwischen Kambodscha, Laos, Thailand und Vietnam. Wie der Ganges-Vertrag von 1977 bekräftigt das Abkommen dieses Prinzip nicht nur in allgemein gehaltenen Artikeln, sondern

---

98 Siehe *McCaffrey* in: *Gleick*, Water in Crisis, S. 92 (95).

99 Siehe die Äußerungen des für Wasserfragen zuständigen nepalesischen Ministers *Rana*, zitiert in: *The Hindustan Times* v. 15.02.1996.

100 Das Abkommen wird auszugsweise zitiert bei *Wouters*, Nat.Res.J. 36 (1996), S. 417 (430 f.).

101 Fundstelle (in Russisch) bei *Vinogradov*, Nat.Res.J. 36 (1996), S. 393 (406 Fußnote 55).

102 Zitiert bei *Vinogradov*, Nat.Res.J. 36 (1996), S. 393 (412).

103 Inhaltlich zusammengefaßt bei *Vinogradov*, Nat.Res.J. 36 (1996), S. 393 (402 f.).

104 Zu Kritik siehe *Vinogradov*, Nat.Res.J. 36 (1996), S. 393 (410 ff.) m.w.N.

105 I.L.M. 34 (1995), S. 864 ff.

verlangt eine zahlenmäßig festgeschriebene Aufteilung der verschiedenen Wassernutzungsrechte.[106]

Ebenso wie insbesondere bei den neueren von Israel abgeschlossenen Verträgen[107] manifestiert sich auf dem asiatischen Kontinent eine Tendenz zur zahlenmäßig festgeschriebenen Konkretisierung des Prinzips der angemessenen Nutzung, die vom Indus- über den Ganges-Vertrag bis hin zu dem jüngsten Mekong-Abkommen reicht.

4. Afrika

Der Nil ist der bei weitem bedeutendste Fluß in Afrika, dessen Wassereinzugsgebiet etwa ein Zehntel des Kontinents umfaßt.[108] Es existieren jedoch keine völkerrechtlichen Verträge, die dieses Einzugsgebiet als Ganzes betreffen.[109] In neuerer Zeit wurden lediglich ein Abkommen über die Kagera-Organisation zwischen oberen Flußanliegern sowie vor wenigen Jahren zwei Kooperationsabkommen u.a. mit Ägypten als Vertragspartei abgeschlossen.[110] Immerhin beauftragten die Nilstaaten aber 1995 ein Expertengremium mit der Ausarbeitung eines gerechten Verteilungsmodus.[111]

Bevor auf die genannten Verträge einzugehen ist, muß hier in Kürze das berühmte ägyptisch-sudanesische „Abkommen über die volle Nutzung des Nilwassers"[112] von 1959 hinsichtlich des Prinzips der angemessenen Nutzung untersucht werden, da dieser Vertrag von großer Bedeutung für die weitere Entwicklung bezüglich der Nil-Abkommen ist. Auffallend ist zunächst der Titel des Vertrags, der von der „vollen" Nutzung des Nilwassers durch die beiden Vertragsparteien ausgeht. Sodann wird in Artikel 1 eine feste Aufteilung des Wassers zwischen beiden Staaten vorgenommen, ohne in irgendeiner Weise die Interessen der restlichen Nilanliegerstaaten zu berücksichtigen. Schließlich

---

106 Artikel 5, 6 und 26 des Abkommens.
107 Siehe oben S. 13 ff.
108 Siehe *McCaffrey* in: *Gleick*, Water in Crisis, S. 92 (94); *Garretson* in: *Garretson/Hayton/Olmstead*, International Drainage Basins, S. 256 ff.
109 Siehe *McCaffrey* in: *Gleick*, Water in Crisis, S. 92 (94).
110 Dazu gleich.
111 Siehe *Fischer Weltalmanach* 1998, Sp. 1210.
112 UNTS 453, S. 51 ff.

vereinbaren Ägypten und der Sudan in Artikel 5, eine abgestimmte Haltung gegenüber dritten Anliegerstaaten einzunehmen, sofern diese auch Rechte am Nil geltend machen sollten. Der Vertrag zeugt also von einer wenig kooperativen Haltung gegenüber Drittstaaten.[113] Dem Prinzip der angemessenen Nutzung wird der Vertrag von 1959 nicht gerecht. Zwar wird eine ausgeglichene Verteilung der Wassernutzung zwischen zwei Anliegern vorgenommen, dabei jedoch nicht berücksichtigt, daß jeder Flußanliegerstaat nach dem genannten Prinzip Anspruch auf einen gerechten Nutzungsanteil hat.

Ein Wandel in der Haltung von Ägypten und Sudan hin zu einer Anerkennung des Prinzips der angemessenen Nutzung zeigt sich in der Unterzeichnung des „Hydrometeorologischen Überwachungsprogramms"[114] zusammen mit Kenia, Uganda und Tansania von 1967 sowie des Folgeabkommens von 1992 über ein Komitee zur technischen Zusammenarbeit[115]. Diese Abkommen dienen u.a. der Erstellung einer Bilanz über Zu- und Abfluß des Wassers des Victoriasees und des Nils und werden damit den Interessen aller unterzeichnenden Anliegerstaaten gerecht.

Einen weiteren Schritt zur Stärkung des Prinzips der angemessenen Nutzung bildet das ägyptisch-äthiopische „Abkommen über einen Rahmen für Zusammenarbeit in der Nutzung des Nilwassers"[116] vom 01.07.1993. Trotz des in den vergangenen Jahrzehnten teilweise fehlenden politischen Willens zur Zusammenarbeit in der Region[117] konnte damit nun auch zwischen diesen beiden Staaten ein Rahmenabkommen zur gerechten Wassernutzung unterzeichnet werden.

Ein älteres Abkommen betreffend den Nil, nämlich das Abkommen über die „Organization for the Management and Development of the Kagera River[118] Basin"[119] von 1977 zwischen Ruanda, Burundi, Tansania und später Uganda

---

113 So auch *Odidi Okidi* in: *Howell/Allan*, The Nile, S. 321 (333 f.); *Caponera*, Nat.Res.J. 33 (1993), S. 629 (659); *McCaffrey* in: *Gleick*, Water in Crisis, S. 92 (94); *Godana*, Africa's Shared Water Resources, S. 189.

114 „Agreement for the Hydrometeorological Survey of Lakes Victoria, Kyoga and Albert"; Einzelheiten bei *Odidi Okidi* in: *Howell/Allan*, The Nile, S. 321 (335 f.).

115 „Technical Cooperation Committee for the Promotion of the Development and Environment Protection of the Nile Basin"; siehe *Caponera*, Nat.Res.J. 33 (1993), S. 629 (659).

116 Siehe *Caponera*, Nat.Res.J. 33 (1993), S. 629 (659).

117 Siehe *Caponera*, Nat.Res.J. 33 (1993), S. 629 (661 f.).

118 Der Kagera gilt als die eigentliche Quelle des Nils; vgl.: *Godana*, Africa's Shared Water Resources, S. 78; *Caponera*, Nat.Res.J. 33 (1993), S. 629 (650).

119 UNTS 1089, S. 165 ff.

gibt dagegen nur wenig Aufschluß über das Prinzip der angemessenen Nutzung. Der Vertrag besteht überwiegend aus institutionellen Regelungen. Lediglich aus der Präambel und den Zielbestimmungen läßt sich implizit herauslesen, daß jeder Staat das Wasser des Kagera frei nutzen darf und sich nur dann an die Organisation wenden muß, wenn die Interessen einer anderen Partei berührt sein könnten.[120] [121]

Einen Beleg für die auch heute ungebrochene Gültigkeit des Prinzips der angemessenen Nutzung bildet dagegen das Abkommen über den „Action Plan for the Environmentally Sound Management of the Common Zambesi River System"[122] vom 28.05.1987 zwischen fünf Anliegerstaaten des Zambesi. Der Vertrag setzt als Ziel u.a. eine enge Zusammenarbeit bei der Wassernutzung, um mögliche zukünftige Konflikte zu vermeiden.[123] Ausgegangen wird dabei von einem integrierten Flußbecken-Konzept[124], welches den Interessen aller Anlieger Rechnung trägt. Um eine angemessene Nutzung des Wassers zu erreichen, werden detaillierte und sehr ausführliche Bestimmungen, die bis zur Festlegung von einzelnen Projekt-Kategorien und Zeit- und Finanzierungsplänen[125] reichen, aufgestellt.[126] Im Gegensatz zu den meisten anderen hier besprochenen Verträgen geht es in dem Aktionsplan dabei aber nicht um eine zahlenmäßig mehr oder weniger konkretisierte Aufteilung von Wassernutzungsrechten, sondern vielmehr um eine koordinierte Entwicklung des Flußbeckens, die dann eine angemessene Wassernutzung mit einschließt.[127] Der Ansatz des Zambesi-Plans ist also sehr umfassend und nicht nur auf die Wassernutzung beschränkt. Folglich stellt das integrierte Flußbecken-Konzept insofern eine wichtige Stufe in der Entwicklung des Prinzips der angemessenen Nutzung dar,

---

120 Vgl. *Godana*, Africa's Shared Water Resources, S. 192.
121 Zudem sei darauf hingewiesen, daß die Organisation seit einiger Zeit - finanziell wenig unterstützt - kaum noch Aktivität entfaltet; siehe *Caponera*, Nat.Res.J. 33 (1993), S. 629 (662).
122 I.L.M. 27 (1988), S. 1109 ff.
123 Teil I § 13 des Aktionsplans.
124 Teil II B § 24 des Aktionsplans.
125 Siehe Anhänge I bis IV des Aktionsplans.
126 Skeptisch zum Aktionsplan bezüglich eines nicht ausreichenden Schutzes von Feuchtgebieten *Teclaff*, Nat.Res.J. 31 (1991), S. 109 (118).
127 Siehe Teil I § 13 des Aktionsplans.

als das genannte Prinzip damit in einen breiteren Kontext mit sozioökonomischen Aktivitäten und Umweltpolitik gestellt wird.[128]

Weit weniger umfassend, dafür aber ausdrücklich auf die Helsinki-Regeln[129] der *ILA* Bezug nehmend[130], schreibt auch das namibisch-südafrikanische „Abkommen über die Errichtung einer ständigen Wasser-Kommission"[131] vom 14.09.1992 eine rücksichtsvolle Wassernutzung vor.[132] Das Prinzip der angemessenen Nutzung wird sogar explizit auch gegenüber Drittstaaten anerkannt.[133]

Schließlich spiegelt der Vertrag zwischen der Republik Südafrika und Lesotho über das „Lesotho Highlands Water Project" von 1986 das Prinzip der angemessenen Nutzung insofern deutlich wider, als Lesotho darin einerseits das Recht Südafrikas auf eine Nutzung des in Lesotho gelegenen Wassers in dem gemeinsamen Wassereinzugsgebiet anerkennt, andererseits Südafrika jedoch bereit ist, für diese Nutzung einen angemessenen Preis an Lesotho zu zahlen und nur eine vertraglich festgelegte Menge des Wassers zu nutzen.[134] Bei diesem Projekt handelt es sich gegenwärtig um eines der größten Bauvorhaben der Welt, mittels dessen Wasser aus Lesotho über mehrere Staudämme und Tunnel in die Region um Johannesburg umgeleitet werden soll.[135]

Kaum Aufschluß über letztgenanntes Prinzip gibt dagegen die „Convention Establishing the Niger Basin Authority"[136] vom 21.11.1980. Zwar spricht Artikel 4 Abs. 1 lit. a von einer angemessenen Bestimmung der Wassernutzungsrechte, aber die Konvention enthält ansonsten - ebenso wie das Kagera-Abkommen[137] - überwiegend institutionelle Regelungen, aus denen sich nur indirekt Schlüsse ziehen lassen.[138] Jedoch entspricht der Grundsatz der Interessenabwägung zwischen den Vertragsparteien bei der Wassernutzung, der das

---

128 Siehe Teil II B § 24 des Aktionsplans.
129 Siehe oben Fußnote 26.
130 Siehe die Präambel des Vertrages.
131 I.L.M. 32 (1993), S. 1147 ff.
132 Artikel 3 des Vertrages.
133 In Artikel 3 Abs. 5 des Vertrages.
134 Zu diesem Projekt sowie dem Vertrag siehe *Wallis*, Lesotho Highlands Water Project.
135 Siehe auch *von Lucius, FAZ* v. 18.03.1996, und *FAZ* v. 08.03.1995, S.12.
136 Abgedruckt bei: *Hohmann*, Basic Documents of International Environmental Law, vol. 2, S. 1271 ff.; siehe auch *Godana*, Africa's Shared Water Resources, S. 214 ff., 270 ff.
137 Oben Fußnote 119.
138 Siehe *Godana*, Africa's Shared Water Resources, S. 214.

Abkommen durchzieht, ganz dem Prinzip der angemessenen Nutzung.[139] Eine solche Verfahrens-Komponente des Prinzips der angemessenen Nutzung dient dabei ebenso wie die zahlenmäßige Konkretisierung der Umsetzung des Prinzips in die zwischenstaatliche Praxis.

Weiterhin wird auch in der „Convention Relating to the Status of Common Works"[140] zwischen den Senegal-Anliegern Mali, Mauretanien und Senegal vom 21.12.1978 ausdrücklich auf die „equity" verwiesen. Nach Artikeln 1, 11 und 12 der Konvention sollen Nutzen und Kosten der gemeinsamen Projekte bezüglich des Wassers des Senegals angemessen verteilt werden.

Schließlich sei noch auf das gigantische Wasserprojekt der libyschen Regierung hingewiesen, die seit Anfang der 80er Jahre Wasser aus den großen unterirdischen Seen unter der Wüste abpumpen läßt und mittels eines Pipeline-Systems durch das ganze Land zu Bewässerungszwecken einsetzt.[141] Trotz der Befürchtungen von Fachleuten, daß durch das Absinken des Grundwasserspiegels und das Versalzen der Wüste bei der Bewässerung das gesamte ökologische System der Sahara gefährdet werde, existiert diesbezüglich kein völkerrechtliches Abkommen mit den Nachbarstaaten.

Zusammenfassend ist festzustellen, daß das Prinzip der angemessenen Nutzung auch in den neueren afrikanischen Verträgen zur Wassernutzung seinen Niederschlag findet, wie insbesondere die jüngsten Nil-Abkommen sowie das Lesotho Highlands-Projekt zeigen. Allerdings läßt sich in den afrikanischen Verträgen keine Tendenz hin zu einer zahlenmäßigen Konkretisierung dieses Prinzips - wie sie etwa im Nahen Osten und in Asien zu beobachten ist - nachweisen. Stattdessen wird teilweise ein breiterer Ansatz - so etwa im Zambesi-Aktionsplan - verfolgt. Viele Verträge enthalten Verfahrensregeln, welche dem Prinzip der angemessenen Nutzung entsprechen.

---

139 Siehe *Godana*, Africa's Shared Water Resources, S. 239. Das neueste Instrument zum Rechtsregime des Niger bildet der „Act Concerning Navigation and Economic Cooperation between the States of the River Niger Basin" vom 26.10.1983 (zitiert nach *Godana*, Africa's Shared Water Resources, S. 208 [ohne weitere Angaben zum Inhalt des Abkommens]).

140 Zitiert nach *Godana*, Africa's Shared Water Resources, S. 221, 226 f. Diese Konvention baut wiederum auf zwei anderen Konventionen über den Senegal aus dem Jahr 1972 auf, siehe *Godana*, a.a.O., S. 221.

141 Siehe *Lennertz*, FAZ Magazin v. 02.02.1996, S. 24 ff.

5. Lateinamerika

Von einer besonderen Ambivalenz bezüglich des Prinzips der angemessenen Nutzung ist der „Treaty for Amazonian Cooperation"[142] zwischen Bolivien, Brasilien, Kolumbien, Ecuador, Guyana, Peru, Surinam und Venezuela vom 03.07.1978 geprägt. Ebenso wie die als Anhang zu diesem Abkommen verabschiedete „Amazon Declaration"[143] vom 06.05.1989 behandelt er Fragen der Zusammenarbeit im größten Wassereinzugsgebiet der Erde[144], nämlich dem Amazonischen Becken. Während der Vertrag einerseits an mehreren Stellen die Notwendigkeit einer „vernünftigen Nutzung der natürlichen Ressourcen"[145] sowie insbesondere der Wasser-Ressourcen[146] betont und von einer angemessenen Verteilung des gezogenen Nutzens spricht[147], wird andererseits auf die Souveränität jedes Anliegerstaats und das daraus fließende Recht hingewiesen, innerhalb seines Territoriums die natürlichen Ressourcen zu nutzen - beschränkt allein durch nicht näher spezifiziertes internationales Recht[148]. So drängt sich der Verdacht auf, daß die Staaten des Amazonischen Beckens zwar völkerrechtliche Grundsätze wie das Prinzip der angemessenen Nutzung nicht völlig mißachten wollten, aber bei Vertragsschluß doch mehr darauf bedacht waren, möglichst wenig Eingriffe in ihre Souveränität zuzulassen.[149] Diese Tatsache und die mangelnde Konkretisierung des Prinzips der angemessenen Nutzung im Vertragstext bedeuten eine tendenzielle Schwächung dieses Prinzips, da der „Geist des Vertrages" diesbezüglich deutliche Zurückhaltung erkennen läßt. Insofern drückt dieses Abkommen eine Haltung aus, wie sie von den Staaten der sogenannten „Dritten Welt" oftmals im Rahmen der Vereinten Nationen eingenommen wurde. Danach besitzt jeder Staat die „dauernde Souveränität über seine natürlichen Ressourcen" und darf darüber frei verfügen. Diese Haltung

---

142 I.L.M. 17 (1978), S. 1045 ff.
143 I.L.M. 28 (1989), S. 1303 ff.
144 Siehe *Caubet*, A.F.D.I. 30 (1984), S. 803.
145 Artikel I, XI.
146 Artikel V.
147 Präambel, Artikel I, XI, XII.
148 Präambel, Artikel IV.
149 Für diese These spricht auch der Vergleich der (weitergehenden) Vertragsentwürfe mit dem schließlich verabschiedeten Text; dazu *Caubet*, A.F.D.I. 30 (1984), S. 803 (824 ff.). Kritisch zu diesem Vertrag auch *Maria Elena Medina*, Algunos aspectos políticos en el proceso de integración, in: El universo amazónico y la integración latinoamericana, Caracas 1983, S. 261 (zitiert nach *Caubet*, a.a.O., S. 812).

kommt insbesondere in den Resolutionen 626 (VII) und 1803 (XVII) der Generalversammlung von 1952 und 1962 sowie in der „Charta der wirtschaftlichen Rechte und Pflichten der Staaten" von 1974 zum Ausdruck.[150] Allerdings läßt sich die Position einer absoluten territorialen Souveränität - wie gesehen - heute nicht mehr aufrechterhalten.

Angesichts der Festigung, welche das Prinzip der angemessenen Nutzung mittlerweile im Völkerrecht erfahren hat, erstaunt um so mehr, daß auch die neuere „Amazon Declaration" von 1989 die Ambivalenz des Kooperationsvertrages beibehält. Ebenso wie dieser betont die Erklärung die Notwendigkeit von Zusammenarbeit und „vernünftiger Nutzung natürlicher Ressourcen"[151], um gleich darauf auf das souveräne Verfügungsrecht der Staaten über ihre Ressourcen hinzuweisen[152]. Das Prinzip der angemessenen Nutzung erfährt also durch diese Erklärung ebensowenig eine Stärkung wie durch den Kooperationsvertrag von 1978.

In die gleiche Richtung - daß nämlich in Südamerika lange Zeit dem Grundsatz der territorialen Souveränität Vorrang vor dem Grundsatz der territorialen Integrität eingeräumt wurde (und teilweise noch wird) - weist der Konflikt um die Nutzung der Wasserkraft des Paraná.[153] Der in Brasilien entspringende Paraná bildet einen Teil der Grenze zwischen Brasilien und Paraguay und später zwischen Paraguay und Argentinien. Als Brasilien und Paraguay 1973 ein Abkommen über den Bau eines Wasserkraftwerks bei Itaipú[154] schlossen, legte Argentinien sofort scharfen Protest ein, da es negative Auswirkungen auf ein von ihm und Paraguay geplantes Wasserprojekt am Paraná bei

---

150 Hierzu ausführlicher *Nguyen Quoc/Daillier/Pellet*, Droit International Public, §§ 309, 445.

151 Unter 1. und 2.

152 Unter 4.

153 Zum alten Streit zwischen Bolivien und Chile um die Ableitung des Rio Lauca siehe in diesem Zusammenhang *Dräger*, Die Wasserentnahme aus internationalen Binnengewässern, S. 62 ff.

154 „Treaty between the Federative Republic of Brazil and the Republic of Paraguay Concerning the Hydroelectric Utilization of the Water Resources of the Paraná River owned in Condominium by the Two Countries, from and including the Salto Grande De Sete Quedas or Salto Del Guairá, to the Mouth of the Iguassu River", UNTS 923, S. 57 ff.

Corpus befürchtete.[155] Insbesondere Brasilien lehnte jedoch lange Zeit jegliche rechtliche Verpflichtung gegenüber dem unteren Flußanlieger Argentinien ab.[156]

Schließlich konnte am 19.10.1979 zwischen den drei Staaten ein „Abkommen über die Paraná-Projekte"[157] geschlossen werden, welches nicht nur die Absicht zur Zusammenarbeit bekräftigt, sondern auch sehr konkrete Vorgaben festhält. So darf bei der Nutzung der Wasserkraft durch die Anlage bei Itaipú von bestimmten Werten des Wasserflusses unterhalb von Itaipú nicht abgewichen werden.[158] Weiterhin werden bezüglich der geplanten Anlage bei Corpus detaillierte Angaben zu den Wasserständen bei Normalbetrieb gemacht[159] und genaue Pläne bezüglich der Zusammenarbeit während des Auffüllens der Staubecken aufgestellt[160]. Im Gegensatz zum eben besprochenen Abkommen zum Amazonischen Becken stellt dieser Vertrag also eindeutig eine Stärkung des Prinzips der angemessenen Nutzung dar. Im übrigen legte auch der brasilianisch-paraguayanische Vertrag von 1973 bereits eine hälftige Aufteilung der aus dem Kraftwerk bei Itaipú gezogenen Nutzungen, d.h. der gewonnenen Elektrizität, fest.

Schon der 1969 zwischen Argentinien, Bolivien, Brasilien, Paraguay und Uruguay abgeschlossene Vertrag über das La-Plata-Becken[161] spricht von einer „vernünftigen Nutzung" und „angemessenen Entwicklung" der Wasserressourcen[162], ohne dabei jedoch konkrete Vorgaben zu machen. Im Vertrag vorgeschlagene gesonderte Studien und Pläne über die Nutzung der Wasserreserven[163] sind - soweit ersichtlich - nicht aufgestellt worden. Der 1973 zwischen Uruguay und Argentinien abgeschlossene Rio de la Plata-Vertrag[164] betrifft hauptsächlich Fragen der Hoheitsgewalt und der Grenzziehung.

---

155 Siehe *McCaffrey* in: *Gleick*, Water in Crisis, S. 92 (97); *von der Heydte* in: *FS Berber*, S. 207 (215 f.). Zum Hintergrund der jeweils in diesem Streit vertretenen Argumentation: *Dupuy*, A.F.D.I. 24 (1978), S. 866 (869 ff.).

156 Siehe *McCaffrey* in: *Gleick*, Water in Crisis, S. 92 (97).

157 I.L.M. 19 (1980), S. 615 ff.

158 Punkt 5 lit. b des Abkommens.

159 Punkt 5 lit. a i.V.m. Anhang I des Abkommens.

160 Punkt 5 lit. d i.V.m. Anhang II des Abkommens.

161 „Treaty of the River Plate Basin", UNTS 875, S. 3 ff.

162 Artikel I lit. b.

163 Artikel I lit. b und h des Vertrags.

164 UNTS 1295, S. 293 ff.

Der brasilianisch-uruguayanische „Treaty on co-operation for the utilization of the natural resources and the development of the Mirim Lagoon Basin" mit anhängendem „Protocol for the utilization of the water resources of the land bordering on the Jaguarão River"[165] von 1977 weist in der Präambel auf die Prinzipien guter Nachbarschaft und enger Zusammenarbeit hin und nimmt bereits konkrete Ziele und Projekte in Aussicht, welche das gesamte Wassereinzugsgebiet betreffen.

Insgesamt bildet Lateinamerika bezüglich des Prinzips der angemessenen Nutzung somit ein ambivalentes Bild. Zwar läßt sich nicht bezweifeln, daß dieses Prinzip im Grundsatz anerkannt wird; jedoch ist diese Anerkennung oft direkt mit einem Hinweis auf die staatliche Souveränität verbunden. Die einzige völlig unzweifelhafte Stärkung in der lateinamerikanischen Vertragspraxis erfährt das Prinzip durch das Paraná-Abkommen.

6. Nordamerika

Die nordamerikanische Vertragspraxis zu Wassernutzungsfragen ist geprägt vom kanadisch-US-amerikanischen Streit um die Nutzung des Columbia und dem mexikanisch-US-amerikanischen Konflikt um das Wasser des Colorado.

Eine zentrale Rolle in der Entwicklung und Festigung des Prinzips der angemessenen Nutzung auf dem nordamerikanischen Kontinent spielt der „Treaty Relating to Cooperative Development of the Water Resources of the Columbia River Basin"[166] von 1961. Während des Streits um die Wassernutzung des Columbia rückten die Konfliktparteien nämlich zunehmend vom Grundsatz der territorialen Souveränität ab und erkannten, daß nur nach dem Prinzip der angemessenen Nutzungsaufteilung eine Lösung gefunden werden konnte.[167] So enthält der Columbia-Vertrag dann auch eine genau festgeschriebene Aufteilung der aus der Wassernutzung gezogenen Vorteile zwischen beiden Staaten: während Kanada Dämme am Columbia errichten, diesen aber nicht ableiten darf, verpflichteten sich die Vereinigten Staaten, die durch die kanadi-

---

165 UNTS 1097, S. 357 ff.
166 UNTS 542, S. 244 ff.
167 Vgl. *McCaffrey* in: *Gleick*, Water in Crisis, S. 92 (96 f.); *Graham* in: *Zacklin/Caflish*, International Rivers and Lakes, S. 3 (17); *Johnson* in: *Garretson/Hayton/Olmstead*, International Drainage Basins, S. 167 (217, 235 f.).

schen Reservoirs ermöglichte Energiegewinnung mit Kanada zu teilen und eine Entschädigung für die Flutkontrolle an Kanada zu zahlen.[168] Obwohl das Prinzip der angemessenen Nutzung zum damaligen Zeitpunkt noch keineswegs einen gesicherten Bestandteil des geltenden Völkerrechts darstellte, einigten sich beide Seiten darauf, den Vertrag „im Geist" dieses Prinzips zu gestalten und dieses damit erheblich zu stärken.[169]

Ein weiteres Anwendungsbeispiel für das Prinzip der angemessenen Nutzung bildet der kanadisch-US-amerikanische Vertrag über den Skagit River und Ross Lake sowie insbesondere das darin enthaltene Abkommen zwischen der Provinz British Columbia und Seattle[170] von 1984. In dem Abkommen verzichtet die amerikanische Seite auf die Erweiterung des High Ross-Staudamms, wobei sie aber zusätzliche Elektrizität von der kanadischen Seite erhält.[171] In diesem Punkt ähnelt das Abkommen stark dem Columbia-Vertrag von 1961. Das Abkommen ermöglicht es also, den Skagit River auf absehbare Zeit in einer für beide Parteien angemessenen Weise zu nutzen.

Dagegen stellt der Streit um die Ableitung des Missouri im „Garrison Diversion Project" ein Beispiel für das Scheitern der Festlegung des Prinzips der angemessenen Nutzung in einem völkerrechtlichen Vertrag dar. Während die Missouri-Ableitung im Gebiet der Vereinigten Staaten Zwecken der Bewässerung und der Überflutungskontrolle dienen sollte, wurden auf kanadischer Seite durch diese Wassernutzung verursachte Schäden in der Provinz Manitoba befürchtet.[172] Obwohl es nicht gelang, den Konflikt durch ein zwischenstaatliches Abkommen zu bereinigen, berücksichtigte die US-amerikanische Seite doch insofern das Prinzip der angemessenen Nutzung, als sie den ursprünglichen Plan

---

168 Siehe Artikel II, V, VI und XIII des Vertrages. Ausführlich zu den Vertragsbestimmungen: *Johnson* in: *Garretson/Hayton/Olmstead*, International Drainage Basins, S. 167 (219 ff.); siehe auch *Dräger*, Die Wasserentnahme aus internationalen Binnengewässern, S. 59 f.

169 Siehe *McCaffrey* in: *Gleick*, Water in Crisis, S. 92 (96 f.); *Johnson* in: *Garretson/Hayton/Olmstead*, International Drainage Basins, S. 167 (235 f.).

170 British Columbia-Seattle Agreement, Annex at 5 in Treaty Relating to the Skagit River and Ross Lake in the State of Washington, and the Seven Mile Reservoir on the Pend d'Oreille River in the Province of British Columbia, 02.04.1984, US Senate Treaty Documents 98-26 (zitiert nach *Kirn/Marts*, Nat.Res.J. 26 [1986], S. 261 [264 Fußnote 12]).

171 Zu den Einzelheiten des Vertrages sowie des Abkommens siehe *Kirn/Marts*, Nat.Res.J. 26 (1986), S. 261 (273 ff.).

172 Einzelheiten zu dem Konflikt bei *Caldwell*, Nat.Res.J. 24 (1984), S. 839 ff.

zugunsten Kanadas erheblich einschränkte[173]; mittlerweile besitzt der Konflikt aus politischen Gründen nur noch eine untergeordnete Bedeutung.[174] [175]

Ebenso hat auch die Brisanz des mexikanisch-US-amerikanischen Konflikts um die Nutzung des Colorado und des Rio Grande abgenommen. Dieser Konflikt bildete den berühmten Ausgangsfall dafür, daß ein Oberliegerstaat, nämlich die Vereinigten Staaten, gegenüber einem Unterlieger, hier Mexico, die Harmon-Doktrin vertrat.[176] Wenngleich nach wie vor streitig ist, ob diese Doktrin nicht noch in dem alten Vertrag über Colorado, Tijuana und Rio Grande[177] von 1944 enthalten war, so ergibt sich doch aus der seitdem stets einvernehmlichen Aufteilung der Wassernutzungsrechte in der zwischenstaatlichen Praxis dieser Länder[178], daß beide heute das Prinzip der angemessenen Nutzung anerkennen.[179]

Die genannten Vertragsbeispiele sowie der Mangel an aktuelleren Konflikten um die Wassernutzung auf dem nordamerikanischen Kontinent zeigen, daß das Prinzip der angemessenen Nutzung dort nach wie vor uneingeschränkte Gültigkeit besitzt.

7. Internationale Dokumente

Die bei weitem wichtigsten von internationalen Organisationen oder Gremien verabschiedeten Dokumente für das Prinzip der angemessenen Nut-

---

173 Siehe *Wouters*, CanYbIL 30 (1992), S. 43 (70 ff.); *Caldwell*, Nat.Res.J. 24 (1984), S. 839 (842 f.).
174 Siehe *Sadler*, Nat.Res.J. 26 (1986), S. 359 (365).
175 Einen ausführlichen Überblick zur kanadisch-US-amerikanischen Vertragspraxis bietet *Wouters*, CanYbIL 30 (1992), S. 43 (52 ff.).
176 Siehe *McCaffrey* in: *Gleick*, Water in Crisis, S. 92 (96); *Dräger*, Die Wasserentnahme aus internationalen Binnengewässern, S. 50; zu dieser Doktrin siehe oben bei Fußnote 12.
177 UNTS 3, S. 313 ff.; ausführlich zu diesem Vertrag *Meyers* in: *Garretson/Hayton/Olmstead*, International Drainage Basins, S. 486 (537 ff., 559 ff.).
178 Siehe z.B. die einvernehmliche Lösung des Problems der Versalzung des Colorado in einem Abkommen von 1973 (I.L.M. 12 [1973], S. 1105 ff.). Weitere Nachweise zu dem Abkommen bei *McCaffrey* in: *Gleick*, Water in Crisis, S. 92 (96 Fußnote 81).
179 Ähnlich *McCaffrey* in: *Gleick*, Water in Crisis, S. 92 (96); *Meyers* in: *Garretson/Hayton/Olmstead*, International Drainage Basins, S. 486 (591).

zung bilden die bereits besprochenen „Helsinki Rules" der *ILA* von 1966 und die „Convention on the Law of the non-navigational Uses of International Watercourses" der *UNO-Völkerrechtskommission* von 1997.[180] Daneben gibt es eine ganze Reihe weiterer Konventionen insbesondere der *ILA*[181], welche explizit oder implizit auf das Prinzip der angemessenen Nutzung aufbauen.

Weiterhin liegt eine Vielzahl von Dokumenten aus dem System der Vereinten Nationen vor, welche zum Prinzip der angemessenen Nutzung Stellung beziehen. Diese Dokumente sind insofern interessant, als sie oftmals besondere Betonung auf Verfahrensregeln und weniger auf Konkretisierungen des Prinzips der angemessenen Nutzung legen. So rief die „Stockholmer Erklärung"[182] der „United Nations Conference on the Human Environment" 1972 noch recht allgemein zu einem schonenden Umgang mit natürlichen Ressourcen auf und sprach z.B. in Prinzip 13 von einem „integrated and coordinated approach to ... development planning" mit dem Ziel eines „more rational management of resources", während der von der Konferenz ebenfalls verabschiedete „Action Plan for the Human Environment" in Empfehlung 53 lit. b (iii) schon das Ziel einer gerechten Wassernutzung enthielt.[183] In der „Agenda 21" der „United Nations

---

180 Dazu siehe oben S. 5 ff.

Vorläufer dieser Dokumente waren das „Statement of Some Principles of International Law Governing, and Recommendations Respecting, the Uses of the Waters of Drainage Basins within the Territories of Two or More States" (*ILA*, Report of the Forty-Eighth Conference, New York 1958, S. 99 ff.) des Wasser-Komitees der *ILA* von 1958, welches in Prinzip 2 bereits den Wortlaut der „Helsinki Rules" bezüglich des Prinzips der angemessenen Nutzung vorwegnimmt, und die Salzburger Resolution des *IDI* betreffend die „Utilisation des eaux internationales non maritimes (en dehors de la navigation)" (Annuaire de l'Institut de Droit International 49 II (1961), S. 370 ff.) von 1961, die in ihren Artikeln 2 bis 4 die Pflicht zu einem angemessenen Interessenausgleich auf der Basis der Gleichheit enthält.

181 So z.B. die „Draft Articles on International Water Resources Administration" (*ILA*, Report of the Fifty-Seventh Conference, Madrid 1976, S. 248 ff.), die „Draft Articles on the Regulation of the Flow of Water of International Watercourses" (*ILA*, Report of the Fifty-Ninth Conference, Belgrad 1980, S. 359 [362 ff.]), oder die „Draft Articles on the Relationship between Water, Other Natural Resources and the Environment" (*ILA*, a.a.O., S. 374 f.; zu diesem Projekt siehe auch *McCaffrey*, Nat.Res.J. 31 [1991], S. 139 [144 ff.]).

182 Yearbook of the United Nations 26 (1972), S. 319 ff.

183 Zitiert in *McCaffrey*, Second report on the law of the non-navigational uses of international watercourses, in: Yearbook of the International Law Commission 1986, Volume II, Part One, S. 87 (123).

Conference on Environment and Development" in Rio de Janeiro 1992 heißt es schon ein wenig konkreter, aber immer noch sehr vage:

> „In the case of transboundary watercourses, there is a need for riparian States to formulate water resources strategies, prepare water resources action programmes and consider, where appropriate, the harmonization of those strategies and action programmes."[184]

Die „Agenda 21" enthält aber in einem eigenen Abschnitt[185] eine Vielzahl von Verfahrensregeln, wie die Ziele der Agenda umgesetzt werden sollen. Hieran wird deutlich, welche Bedeutung solchen Regeln beigemessen wird, ohne die die materiellen Bestimmungen oft nur Theorie bleiben.

Auch der Mar del Plata „Action Plan on Integrated Water Resources Development and Management" der „United Nations Water Conference" von 1977 hatte bei der Nutzung grenzüberschreitender Wasserressourcen zu zwischenstaatlicher Zusammenarbeit aufgerufen.[186] Schließlich sprechen die „Draft Principles of Conduct in the Field of the Environment for the Guidance in the Conservation and Harmonious Utilization of Natural Resources Shared by two or more States"[187] des *UN Environmental Program* zwar zunächst nur allgemein von „harmonischer Nutzung" gemeinsamer Ressourcen und von Zusammenarbeit „im Geist guter Nachbarschaft"[188], jedoch wird in Prinzip 1 des Entwurfs konkret auf die angemessene Nutzung geteilter natürlicher Ressourcen hingewiesen.

Ein solcher Hinweis auf eine „vernünftige und angemessene" Nutzung grenzüberschreitender Binnengewässer findet sich ebenso in der „Convention on the Protection and Use of Transboundary Watercourses and International

---

184 Paragraph 18.10 der „Agenda 21: Programme of Action for Sustainable Development", in: The final text of agreements negotiated by Governments at the United Nations Conference on Environment and Development (UNCED), 3-14 June 1992, Rio de Janeiro, United Nations Publication-Sales No. E.93.I.11

185 Section IV der „Agenda 21", ebenda.

186 Siehe die Empfehlungen 7 und 91, zitiert bei *McCaffrey*, Second report on the law of the non-navigational uses of international watercourses, in: Yearbook of the International Law Commission 1986, Volume II, Part One, S. 87 (123). Vgl. auch *Reinicke*, Die angemessene Nutzung gemeinsamer Naturgüter, S. 118 f.

187 I.L.M. 17 (1978), S. 1097 ff.

188 Siehe die Prinzipien 2, 6 (Abs. 2) und 7 des Entwurfs.

Lakes"[189] der *UN Economic Commission for Europe* vom 17.03.1992. Die Konvention konkretisiert diesen Grundsatz durch zahlreiche Bestimmungen über gegenseitige Konsultationen, Informationsaustausch, Überwachungsprogramme, gemeinsame Forschungsarbeiten, Frühwarnsysteme usw. Auch hier zeigt sich wieder, daß das Prinzip der angemessenen Nutzung auch Verfahrensaspekte hat.

Dagegen regelt die bekannte Espoo „Convention on Environmental Impact Assessment in a Transboundary Context"[190] von 1991 hauptsächlich Verfahrensfragen bei Umweltverschmutzung, ohne näheren Aufschluß über die Nutzung internationaler Binnengewässer zu geben.

Zusammenfassend läßt sich bei internationalen Deklarationen und Entwürfen zur Nutzung von Binnengewässern feststellen, daß sie einerseits das Prinzip der angemessenen Nutzung teilweise wenig konkret festschreiben und vielmehr nur von einem „Geist der gutnachbarlichen Zusammenarbeit" in Wassernutzungsfragen durchzogen sind. Andererseits liegt häufig ein Schwerpunkt dieser Dokumente auf verfahrensrechtlichen Aspekten, welche einen wichtigen Teil des Prinzips der angemessenen Nutzung bilden. Solche Verfahrensregeln dienen der praktischen Umsetzung dieses Prinzips. Allerdings besitzen die internationalen Dokumente - mit Ausnahme der *ECE* Konvention von 1992 - völkerrechtlich nur Appellcharakter. Sie sind aber insofern keineswegs unverbindlich, als sie beim Prinzip der angemessenen Nutzung geltendes Völkergewohnheitsrecht widerspiegeln.

II. Einteilung und Bewertung der Vertragspraxis

Im folgenden sollen die eben untersuchten Verträge und Konventionen zur Nutzung internationaler Binnengewässer in Gruppen von Vertragstypen unterteilt werden, um zu einer Bewertung der Vertragspraxis zu gelangen.

---

189 I.L.M. 31 (1992), S. 1312 ff. = BGBl. 1994 II, S. 2334 ff.; siehe Artikel 2 (Absätze 2 lit. c und 6) und Artikel 9 (Abs. 1) der Konvention. Zu dieser Konvention siehe auch *Süß/Adler*, ZfW 1995, S. 197 ff.

190 I.L.M. 30 (1991), S. 800 ff.

Die drei frühen großen Verträge[191] zur Wassernutzung, nämlich der Nil-, der Indus- und der Columbia-Vertrag aus den Jahren 1959 bis 1961, fallen in die Zeit der Herausbildung des Prinzips der angemessenen Nutzung in der Völkerrechtslehre[192]. Auffallend an den drei Verträgen ist, daß sie allesamt eine Aufteilung der Wassernutzungsrechte nach konkreten Zahlenangaben vornehmen. So verteilen Nil- und Indus-Vertrag die zu nutzende Wassermenge zwischen den Vertragsparteien nach festen Quanten, während im Columbia-Vertrag genau die Staukapazität der Dämme und die Energienutzung festgelegt werden. In der Folgezeit bis in die 80er Jahre wurden solche konkretisierten Verträge nur noch selten geschlossen. Lediglich das Inari-Übereinkommen von 1959, die Menton-Konvention von 1967, der Ganges-Vertrag von 1977, der Vertrag über die Paraná-Projekte von 1979, der Lesotho Highlands-Vertrag von 1986 und jüngst der Mahakali-Vertrag von 1996 enthielten wieder Bestimmungen bezüglich Wasserentnahmequanten und Mindestwasserständen. Dies hängt zum einen sicher damit zusammen, daß detaillierte Verträge erheblich schwieriger auszuhandeln sind als Abkommen, die allgemeiner gehalten sind und somit nicht die Möglichkeit bieten, sich auf feste und nicht interpretierbare Bestimmungen zu berufen. Zum anderen bedeutet der Mangel solcher Verträge in den 60er, 70er und 80er Jahren aber keineswegs, daß in dieser Zeit nur sehr vage formulierte und in der Praxis wenig folgenreiche Abkommen geschlossen wurden.

Vielmehr tritt in jener Zeit ein zweiter Typ von Wassernutzungsverträgen auf, der von einem anderen, umfassenderen Ansatz ausgeht. Dieser neue Ansatz ist hier bereits bei der Untersuchung der afrikanischen Vertragspraxis dargestellt worden.[193] Das Musterbeispiel eines solchen Vertrags stellt der Aktionsplan für das Flußsystem des Zambesi von 1967 dar. Die Wassernutzung bildet darin nur noch einen - wenngleich wichtigen - Teil eines umfassenden Konzepts zur Entwicklung des Flußsystems. Den gleichen Ansatz verfolgen auch die Abkommen über Nil und Victoriasee von 1967 und 1992, der Rio-Plata-Vertrag von 1969, der Mirim Lagunen-Vertrag mit Jaguarão-Protokoll von 1977 und der Vertrag über Amazonische Zusammenarbeit samt anhängender Erklärung von 1978 bzw. 1989. Auch diese Verträge regeln neben Fragen der Wassernutzung solche des Umweltschutzes, der Schiffahrt, der wirtschaftlichen Zusam-

---

191 Für die Fundstellen der im folgenden Abschnitt angeführten Verträge sei jeweils auf den vorhergehenden Abschnitt zur völkerrechtlichen Vertragspraxis (B.I.) verwiesen.
192 Siehe z.B. das „Statement" der New Yorker *ILA*-Konferenz von 1958 (oben in Fußnote 180).
193 Siehe oben S. 21 ff.

menarbeit u.ä. Schließlich kann - mit Einschränkungen - der Vertrag über die Kagera-Organisation von 1977 in diese Kategorie eingerechnet werden, da auch er auf die Entwicklung eines gesamten Flußbeckens abzielt, jedoch hauptsächlich institutionelle Bestimmungen enthält.

In der wissenschaftlichen Diskussion hatte die *International Law Association* bereits 1958 angeregt, internationale Flußbecken als ein „integriertes Ganzes" zu behandeln.[194] Hinweise zur Verfolgung eines solchen „integrierten" Ansatzes finden sich des weiteren in Prinzip 13 der „Stockholmer Erklärung"[195] und in der „Agenda 21"[196]. Auch das letztere vorbereitende „Dublin Statement on Water and Sustainable Development"[197] verweist in Prinzip 1 ausdrücklich auf die Notwendigkeit, bei der Nutzung von Wasser soziale, wirtschaftliche und ökologische Faktoren zu berücksichtigen und miteinander zu verbinden.

Gemeinsam ist den Verträgen, die zu diesem zweiten Typ von Wassernutzungsabkommen gehören, daß sie ein „integriertes" Konzept verfolgen, d.h. mehrere Problembereiche, die mit einem internationalen Binnengewässer zusammenhängen, in einem einzigen völkerrechtlichen Dokument behandeln. Mit diesem Ansatz geht einher, daß nicht alle Problembereiche detailliert in dem Vertrag geregelt werden können. Für die Aufteilung von Wassernutzungsrechten bedeutet dies, daß die genannten Abkommen i.d.R. Formen der zwischenstaatlichen Zusammenarbeit für eine angemessene Wassernutzung fordern, dabei aber keine konkreten Vorgaben - etwa in Gestalt von Quanten - für die Ergebnisse dieser Zusammenarbeit aufstellen. Das Prinzip der angemessenen Nutzung kommt in vielen dieser Verträge durch häufig sehr umfangreiche Verfahrensregeln zum Ausdruck. Damit tritt in diesen Abkommen eine Verfahrens-Komponente des Prinzips der angemessenen Nutzung zutage.

Interessanterweise enthalten aber gerade drei Abkommen aus allerjüngster Zeit wieder sehr in Einzelheiten gehende Regelungen. Dabei handelt es sich zum einen um den israelisch-jordanischen Friedensvertrag von 1994 und das israelisch-palästinensische Interim-Abkommen von 1995 sowie zum anderen um das Mekong-Abkommen von 1995. Allerdings entwickeln diese Verträge auch

---

194 Siehe *ILA*, Report of the Forty-Eighth Conference, New York 1958, S. 99 f., 75 ff.
Zur Theorie des integrierten Fußbeckenkonzepts ausführlich: *Kamto*, A.F.D.I. 36 (1990), S. 843 (855 f.) m.w.N., sowie *Teclaff*, Nat.Res.J. 36 (1996), S. 359 ff.; siehe auch *Bourne*, Nat.Res.J. 36 (1996), S. 155 (175 f.).
195 Siehe oben bei Fußnote 182.
196 Siehe oben bei Fußnote 184.
197 Abgedruckt in Environmental Policy and Law 22/1 (1992), S. 54 f.

das Konzept der integrierten Abkommen insofern weiter, als sie durchaus nicht mehr nur Fragen der Wassernutzung - wie z.B. noch der Nil- und der Ganges-Vertrag, d.h. die älteren Verträge des ersten Typs - behandeln. Vielmehr umfassen sie Bestimmungen zu verschiedenen Problembereichen, die dann teilweise detailliert in Anhängen geregelt werden. Der israelisch-jordanisches Friedensvertrag und das Interim-Abkommen verwenden diese Technik. Damit erreichen sie, daß sie einerseits einem sehr umfassenden Ansatz folgen, andererseits aber wichtige Fragen im Hauptvertrag noch allgemein und dafür in den Anhängen um so detaillierter behandeln können.

Einem ähnlichen Muster entspricht der Mekong-Vertrag von 1995. Auch dieser geht von einem umfassenden Anwendungsbereich aus. Für konkrete Regelungen bezüglich der Wassernutzung wird auf von einem gesonderten Komitee festzulegende Normen verwiesen. Letztere werden durch Vorgaben im allgemeinen Vertrag bereits in den Umrissen vorherbestimmt.

Es läßt sich also feststellen, daß die letztgenannten drei jüngeren Abkommen Elemente der beiden Vertragstypen des detaillierten Wassernutzungsvertrags und des umfassenderen integrierten Abkommens miteinander verbinden. Damit besitzt dieses jüngste Muster völkerrechtlicher Verträge zu internationalen Binnengewässern zwei Vorteile: einerseits ist es möglich, sich an festen und nachprüfbaren Vertragsbestimmungen wie z.B. Wasserentnahmequanten zu orientieren, andererseits werden diese Vorgaben in einen größeren Zusammenhang mit Umweltpolitik, wirtschaftlicher Zusammenarbeit o.ä. gestellt und versprechen daher, aufgrund dieses weit abgestimmten Vorgehens in der Praxis effektiver und somit erfolgreicher umgesetzt zu werden. Durch diesen größeren Zusammenhang wird nämlich ein Klima der zwischenstaatlichen Kooperation hergestellt, welches sich auf die Regelung der verschiedenen Einzelbereiche positiv auswirken kann. Zudem enthalten diese Abkommen teilweise wieder ausführliche Verfahrensregeln. Schließlich manifestiert sich in der gleichermaßen umfassenden und detaillierten Regelung von Wassernutzungskonflikten, so z.B. im israelisch-palästinensischen Interim-Abkommen, die Tendenz des modernen Völkerrechts hin zu einem Kooperationsvölkerrecht.[198]

---

198 Zu dieser Entwicklung allgemein siehe: *Bleckmann*, Allgemeine Staats- und Völkerrechtslehre: vom Kompetenz- zum Kooperationsvölkerrecht, S. 737 ff., sowie *Graf Vitzthum* in: *ders.*, Völkerrecht, 5. Abschn. Rdnr. 1, 110, 162, 170; *Klein* in: *Graf Vitzthum*, Völkerrecht, Rdnr. 19 f.; *Reinicke*, Die angemessene Nutzung gemeinsamer Naturgüter, S. 1 ff.; *Grewe*, Völkerrechtsgeschichte, S. 757 ff.; *Friedmann*, The Changing Structure of International Law, insbes. S. 60 ff.

Als ein weiterer Vertragstyp endlich läßt sich jene Gruppe von völkerrechtlichen Abkommen charakterisieren, die zwar ihrem Inhalt nach vom Prinzip der angemessenen Nutzung geprägt sind, dieses aber weder ausdrücklich konkretisieren noch es in einen weiten Regelungszusammenhang mit anderen Problembereichen stellen. In diesen Abkommen spiegelt der „Geist des Vertrages" das Prinzip der angemessenen Nutzung insofern wider, als darin eine gutnachbarschaftliche Zusammenarbeit und Rücksichtnahme auf die gegenseitigen Interessen in Wassernutzungsfragen vereinbart werden. Beispiele für solche Verträge sind das Übereinkommen über Wasserentnahmen aus dem Bodensee von 1966, der Gabcíkovo-Nagymaros-Vertrag von 1977, der Senegal-Vertrag von 1978, der Niger-Vertrag von 1980, der Donau-Vertrag zwischen Österreich, der Bundesrepublik und der EWG von 1987, der namibisch-südafrikanische Vertrag von 1992, die Maas- und Schelde-Abkommen von 1994 sowie der deutsch-tschechische Grenzgewässervertrag von 1995. Ebenso fallen darunter die beschriebenen internationalen Deklarationen und Entwürfe, da diese keine detaillierten Vorgaben für spezielle Problembereiche aufstellen können. Zwar enthalten die genannten Verträge teilweise durchaus konkrete Angaben zur Umsetzung wie z.B. einen Plan zur Errichtung technischer Anlagen im Gabcíkovo-Nagymaros-Vertrag[199], diese Angaben beziehen sich jedoch nur auf Einzelfragen der vertraglichen Abwicklung.

Der zeitliche Vergleich zeigt, daß diese Art völkerrechtlicher Verträge sowohl in der Periode, als integrierte Konzepte überwogen, als auch schon davor und ebenso in jüngster Zeit abgeschlossen wurde. Diese Tatsache spricht für die Notwendigkeit eines solchen Typs von Abkommen. Denn zum einen gelingt es häufig nicht, sich in einem Vertrag z.B. auf konkrete Zahlen zu einigen. Und zum anderen ist es nicht immer möglich und auch keineswegs stets erforderlich, Wassernutzungsfragen in einem größeren Zusammenhang mit anderen Fragen zu behandeln. Vielmehr besteht in der zwischenstaatlichen Zusammenarbeit ein Bedürfnis nach Verträgen, die sich auf bestimmte Bereiche, d.h. hier Fragen der Wassernutzung, beschränken, auch wenn keine Einigung auf technische Details erfolgt. Letzterer Punkt bedeutet jedoch nicht, daß diese Abkommen aufgrund vager Bestimmungen praktisch wenig Bedeutung erlangten. Vielmehr läßt sich gerade bei jenem Vertragstyp beobachten, daß er häufig wiederum verfahrensrechtliche Bestimmungen und dabei die Einsetzung einer Kommission oder eines Ausschusses beinhaltet. Als Beispiel seien hier der Bodensee-Vertrag von 1966, der Donau-Vertrag von 1987, die Maas- und Schelde-Abkommen und der

---

199 Siehe Kapitel III und IV des Vertrages, a.a.O.

jüngste deutsch-tschechische Grenzgewässervertrag genannt. Dieser Kommission wird dann die Aufgabe der konkreten Zusammenarbeit in Einzelfragen zugewiesen. Gerade hierin zeigt sich ein Vorteil der Verträge, die nur in ihrer Grundtendenz den Geist des Prinzips der angemessenen Nutzung widerspiegeln: sie ermöglichen eine flexible Zusammenarbeit, meistens unter Fachleuten für das jeweilige Gebiet, die den Bedürfnissen „vor Ort" am besten gerecht wird. Der Nachteil einer Verlagerung der Konkretisierung des Wassernutzungsvertrags auf eine Kommission besteht allerdings darin, daß in einer solchen Kommission fachliche Kompetenz und Kooperationswille zusammentreffen müssen, um ein Unterlaufen des Vertrags zu verhindern. Allerdings zeigt gerade die Tatsache, daß Abkommen dieses Typs häufig unter befreundeten Staaten, insbesondere in Europa (so z.B. der Bodensee-Vertrag von 1966, der Donau-Vertrag von 1987 oder die Maas- und Schelde-Abkommen von 1994) abgeschlossen wurden, daß solche allgemein gehaltenen Verträge keineswegs Ausdruck mangelnden Kooperationswillens sind. Vielmehr kann man davon ausgehen, daß in vielen Fällen eine konkrete Regelung im Vertrag als nicht notwendig angesehen und daher einer speziellen Kommission übertragen wurde, die dann entsprechende Lösungen finden konnte.

Die eben besprochenen Verträge haben also insofern eine Konkretisierung des Prinzips der angemessenen Nutzung gebracht, als sie eine sehr praxisnahe Umsetzung dieses Prinzips ermöglichen. Durch ihre Verfahrensregeln wird ein konkreter Rahmen geschaffen, innerhalb dessen eine zwischenstaatliche Zusammenarbeit stattfinden kann.

Zusammenfassend läßt sich feststellen, daß bei völkerrechtlichen Abkommen zur Lösung von Wassernutzungsfragen also im wesentlichen vier Grundmuster existieren: neben detaillierten Verträgen speziell zur Wassernutzung und Verträgen, die ein integriertes Konzept verfolgen, gibt es solche - insbesondere in jüngster Zeit -, die die Vorteile dieser beiden Typen verbinden und trotz eines umfassenden Ansatzes detaillierte Regelungen, meist in den Anhängen, enthalten; unter das vierte Grundmuster schließlich fallen solche Abkommen, die - auf die Regelung von Wassernutzungsfragen beschränkt und ohne in Einzelheiten gehende Bestimmungen zu enthalten - eine flexible Zusammenarbeit im Geist des Prinzips der angemessenen Nutzung, häufig verbunden mit Verfahrens-Komponenten und der Einsetzung einer besonderen Kommission, ermöglichen. Allerdings kann auf der Grundlage dieser Vertragsmuster nur eine grobe Einteilung der zwischenstaatlichen Abkommen vorgenommen werden, da bei den Abkommen auch „Mischformen" auftreten, die Elemente verschiedener Vertragstypen aufweisen. So enthielt bereits der spezielle und detaillierte Columbia-Vertrag neben konkreten Vorgaben zur Wassernutzung bereits Regelungsansätze zu Überflutungskontrolle und Entwicklung des gesamten Columbia-Wassereinzugsgebiets und damit Elemente eines integrierten Konzepts. Und der Gabcíkovo-Nagymaros-Vertrag, ebenfalls in die erste Kategorie von Abkommen gehörend, regelt im Zusammenhang mit der Wassernutzung am Rande auch Fragen der Schiffahrt, des Umweltschutzes und der Grenzziehung und weist damit einen etwas umfassenderen Ansatz auf.

III. Folgerungen für das Prinzip der angemessenen Nutzung

Als Ergebnis der Untersuchung der neueren völkerrechtlichen Vertragspraxis zur Nutzung internationaler Binnengewässer kann festgestellt werden, daß das Prinzip der angemessenen Nutzung in den letzten 20 bis 30 Jahren fast durchgängig Eingang in die einschlägigen Abkommen gefunden hat.

Die Form, in der sich das Prinzip der angemessenen Nutzung in den Verträgen niedergeschlagen hat, differiert, so daß sich die eben besprochenen Vertragstypen unterscheiden lassen.

Die Pflicht, internationale Binnengewässer angemessen zu nutzen, wird in den detaillierten Wassernutzungsverträgen der ersten Kategorie in konkrete Zahlen umgesetzt. Dies ist sicher die präziseste Möglichkeit, eine für jede Vertragspartei angemessene Verteilung von Wassernutzungsrechten zu erreichen.

Im Vertragstyp der integrierten Konzepte werden zur Bestimmung einer angemessenen Wassernutzung sehr viele verschiedene Faktoren, so z.B. Umweltschutz oder wirtschaftliche Verhältnisse, herangezogen. Diese Umsetzung des Prinzips der angemessenen Nutzung ist bereits in den beiden großen Kodifikationen des Prinzips, nämlich in den „Helsinki Rules" und der *ILC*-Konvention[200], angelegt. Beide Kodifikationen zählen Kriterien auf, nach denen das Prinzip der angemessenen Nutzung praktisch angewendet werden soll.[201] Darunter finden sich u.a. soziale und wirtschaftliche Kriterien, Umweltschutz und die Berücksichtigung anderer natürlicher Ressourcen. Wie bei der Einteilung der Vertragspraxis gesehen, sind genau dies auch die Faktoren, an denen die integrierten Konzepte ansetzen. Artikel 5 Absatz 2 der *ILC*-Konvention[202]

---

200 Dazu siehe oben S. 5 ff.
201 Zum Wortlaut der einschlägigen Artikel siehe ebenda.
202 Siehe ebenda.

weist ebenso wie Artikel 24 noch einmal besonders auf die Möglichkeit der Entwicklung eines gesamten Wasserlaufs hin, wie sie in der Praxis z.B. im integrierten Flußbecken-Konzept des Zambesi-Aktionsplans[203] angelegt ist.

In geradezu idealer Weise entspricht der theoretische Ansatz des dritten Vertragstyps dem Prinzip der angemessenen Nutzung, wie es seinen Niederschlag in den Kodifikationen gefunden hat. Einerseits werden hierbei die verschiedensten Faktoren zur Bestimmung einer angemessenen Wassernutzung berücksichtigt und wird somit der Forderung nach einer umfassenden Abwägung unterschiedlicher Kriterien, wie sie in den „Helsinki Rules" und der *ILC*-Konvention aufgeführt sind, Rechnung getragen. Andererseits erfolgt eine Konkretisierung des unbestimmten Begriffs einer „angemessenen" Wassernutzung durch bestimmte Vorgaben, oft in den Anhängen zum Vertrag. Diese Verbindung eines umfassenden Ansatzes mit konkreten Festlegungen verspricht eine in der Praxis sehr effektive Umsetzung des Prinzips der angemessenen Nutzung, da die Umsetzung der konkreten Regelungen unter Berücksichtigung der allgemeinen Zielvorgaben und damit in einem größeren Zusammenhang erfolgen kann.[204]

Schließlich hat das Prinzip der angemessenen Nutzung auch in dem vierten Vertragstyp, der weder einen weitreichenden Ansatz verfolgt noch detaillierte Regelungen trifft, seinen Niederschlag gefunden. Dabei werden allgemeine Regeln der Zusammenarbeit und gegenseitigen Rücksichtnahme vereinbart, worin wieder die Verfahrens-Komponente des Prinzips der angemessenen Nutzung zutage tritt. Gerade diese Verfahrensregeln ermöglichen eine flexible zwischenstaatliche Kooperation, oftmals auf mittlerer oder unterer Ebene und in speziellen Kommissionen, im Geist des Prinzips der angemessenen Nutzung. Somit stellt die vierte Kategorie von Abkommen keineswegs eine Schwächung des Prinzips der angemessenen Nutzung dar, sondern bringt vielmehr dieses Prinzip auch dort zu praktischer Geltung, wo - aus welchen Gründen immer - kein Abkommen mit z.B. konkreten Zahlenvorgaben oder weitreichendem Regelungsbereich zustande kommt.

Das Prinzip der angemessenen Nutzung hat also in allen vier Typen von Abkommen der neueren völkerrechtlichen Vertragspraxis einen festen Platz gefunden.

---

203 Siehe oben Fußnote 122.

204 Der wirkliche praktische Erfolgs dieses dritten Typs von Verträgen läßt sich allerdings noch nicht ausreichend beurteilen, da es sich hierbei - wie gesehen - um zwei Nahost-Verträge und um das Mekong-Abkommen aus den Jahren 1994 und 1995 handelt, die sich erst langfristig bewähren müssen.

Zudem läßt sich feststellen, daß es nur wenige Wassernutzungskonflikte in jüngerer Zeit gab, in denen das Prinzip der angemessenen Nutzung keinen Niederschlag in einem zwischenstaatlichen Abkommen fand. Einen dieser seltenen Fälle bildet der Streit der Türkei mit Syrien und dem Irak um die Nutzung von Euphrat und Tigris[205]. Gerade die Isolation der Türkei in ihrer Ansicht, daß sie keinerlei rechtliche Verpflichtung gegenüber Unterliegerstaaten besitze, zeigt aber, wie unumstritten das Prinzip der angemessenen Nutzung in der zwischenstaatlichen Praxis mittlerweile ist. Ein weiterer Fall, in dem dieses Prinzip keine Umsetzung durch den Abschluß eines völkerrechtlichen Vertrags fand, ist der kanadisch-US-amerikanische Konflikt um die Ableitung des Missouri[206]. Trotz des Fehlens eines Abkommens berücksichtigten die USA jedoch das Prinzip der angemessenen Nutzung, so daß das Prinzip auch in diesem Fall letztlich in seiner allgemeinen Anerkennung gestärkt wurde. Ein weiterer Beleg für diese allgemeine Anerkennung ist die Kündigung des Gabcíkovo-Nagymaros-Vertrages durch die ungarische Regierung[207]. Ungarn kündigte das Abkommen nämlich keineswegs mit der Begründung, daß es das im Vertrag verankerte Prinzip der angemessenen Nutzung nicht mehr anerkenne, sondern berief sich vielmehr darauf, daß der Vertrag ohne die geforderten Modifikationen diesem Prinzip nicht mehr entspreche. Die Geltung des Prinzips wird also nicht in Frage gestellt. Auch die lateinamerikanische Vertragspraxis, in der häufig auf die staatliche Souveränität verwiesen wird, zeigt, daß trotz dieses Hinweises die Geltung des Prinzips der angemessenen Nutzung nicht mehr grundsätzlich angezweifelt werden kann.[208]

Zusammenfassend kann also gesagt werden, daß das Prinzip der angemessenen Nutzung in allen Typen von Abkommen der neueren völkerrechtlichen Vertragspraxis, und mit nur wenigen Ausnahmefällen, seinen Niederschlag gefunden hat. Eine Verdrängung des Prinzips der angemessenen Nutzung oder gar eine Ersetzung durch neuere völkerrechtliche Instrumente zur Lösung von Wassernutzungskonflikten hat nicht stattgefunden und steht mangels erkennbarer Alternativen in absehbarer Zeit auch nicht zu erwarten.

---

205 Dazu siehe oben bei Fußnote 80.
206 Dazu siehe oben bei Fußnote 172.
207 Dazu siehe oben Fußnote 35.
208 Dazu siehe oben S. 23 ff.

C. Spieltheorie und internationale Wassernutzungskonflikte

Im folgenden Abschnitt werden die bei der Nutzung internationaler Binnengewässer auftretenden Konflikte zunächst aus wirtschaftswissenschaftlicher Sicht, nämlich anhand der Spieltheorie, analysiert. Zu fragen ist, ob die Spieltheorie Erklärungen für das Verhalten von Staaten in Wassernutzungskonflikten bieten kann. Sodann soll untersucht werden, inwieweit die gefundenen Ergebnisse Aufschlüsse für die juristische Konfliktlösung, d.h. das Prinzip der angemessenen Nutzung, geben. Insbesondere ist zu fragen, ob sich aus der Spieltheorie konkrete Handlungsempfehlungen ableiten lassen. Schließlich soll der engere Bereich der Spieltheorie verlassen und auf allgemeinere umweltökonomische Fragestellungen eingegangen werden, soweit sie Rückschlüsse auf das Prinzip der angemessenen Nutzung zulassen. Hierfür bietet sich das Prinzip der optimalen Nutzung an.

I. Spieltheoretische Betrachtung internationaler Wassernutzungskonflikte

Bei der Nutzung internationaler Binnengewässer stehen die Interessen der verschiedenen Anliegerstaaten nebeneinander. Je größer die Nutzung des Gewässers durch einen Staat ist, desto mehr werden die anderen Anlieger in ihren Nutzungsmöglichkeiten beeinträchtigt. In dieser Situation findet das Prinzip der angemessenen Nutzung Anwendung, nach dem ein gerechter Interessenausgleich herbeizuführen gesucht wird. Die beschriebene Situation ist auch ein mögliches Anwendungsfeld der in den Wirtschaftswissenschaften entwickelten Spieltheorie. Die Spieltheorie beschäftigt sich mit Situationen, in denen die Entscheidungen verschiedener Akteure voneinander abhängen.[209] Untersucht wird dabei, bei welchen Verhaltensweisen die Spieler das für sie jeweils nutzbringendste Ergebnis erzielen. Auf unser Problem gewendet heißt das Spiel „Nutzung eines internationalen Binnengewässers". Bei den Spielern handelt es

---

209 Siehe *Varian*, Mikroökonomie, S. 259.

sich um zwei (oder mehr[210]) Anliegerstaaten mit unterschiedlichen Interessen. Jeder Spieler hat das Bestreben, aus dem Binnengewässer eine für ihn möglichst günstige Nutzung zu ziehen. Seine möglichen Strategien lauten: entweder sich kooperativ verhalten und mit dem anderen Anlieger ein gemeinsames Vorgehen vereinbaren, oder sich nicht kooperativ verhalten und einen möglichst großen Nutzen aus dem Gewässer ziehen, ohne auf den anderen Staat Rücksicht zu nehmen. Zur Untersuchung des Verhaltens der Spieler in unterschiedlichen Situationen sind in der Spieltheorie verschiedene Spielmodelle entwickelt worden, die sich auch auf Konflikte im internationalen Wassernutzungsrecht übertragen lassen. Dabei soll zunächst allein von den theoretischen Grundmodellen ausgegangen werden, um diese dann auf die völkerrechtliche Praxis zu übertragen und etwaige Abweichungen von Theorie und Praxis zu erklären.

1. Spielmodelle

a) Das „Gefangenendilemma"

Häufig liegen bei internationalen Binnengewässern Sachverhalte vor, bei denen die Anliegerstaaten durch abgestimmtes Verhalten die gemeinsame natürliche Ressource am effizientesten schonen können. So werden z.B. nach Quanten oder Winter- und Sommerzeitraum aufgeteilte Wasserentnahmen vereinbart oder Wasserkraftwerke zur gemeinsamen Energienutzung gebaut. Diese Situation entspricht dem in der Spieltheorie entwickelten „Gefangenendilemma": Zwei des gemeinsamen bewaffneten Raubes beschuldigte Untersuchungshäftlinge werden getrennt voneinander vernommen. Verhielten sich beide Häftlinge kooperativ, d.h. „hielten sie dicht", müßten sie jeweils mit einem Jahr Freiheitsstrafe wegen unerlaubten Waffenbesitzes rechnen. Wären beide geständig, erhielten sie jeweils fünf Jahre Freiheitsentzug wegen schweren Raubes. Verhielte sich dagegen nur einer der Häftlinge kooperativ und leugnete, so würde er in dem Modell zu sieben Jahren Freiheitsentzug verurteilt werden, während der andere - Geständige - begnadigt würde („Kronzeugenregelung"). Folglich stellt sich jeder der beiden Spieler besser, wenn er nicht kooperativ handelt und gesteht: gesteht auch der andere, so erhält man fünf statt sieben Jahre Gefängnis; leugnet der andere dagegen, so wird man begnadigt, statt

---

210 Für das Ergebnis ist es aus wirtschaftswissenschaftlicher Sicht irrelevant, ob es sich um zwei oder um mehr Spieler handelt (sofern diese keine Koalitionen untereinander eingehen), dazu siehe *Holler/Illing*, Spieltheorie, S. 254.

fünf Jahre Freiheitsstrafe zu erhalten.[211] Die gefundenen Ergebnisse lassen sich übersichtlich in einer sogenannten Auszahlungsmatrix darstellen:

Matrix 1: „Gefangenendilemma"

	Spieler B: kooperativ	Spieler B: nicht-kooperativ
Spieler A: kooperativ	(-1/-1)	(-7/0)
Spieler A: nicht-kooperativ	(0/-7)	(-5/-5)

In der zwischenstaatlichen Praxis lag eine derartige Spielsituation z.B. den Verhandlungen über den Mekong-Vertrag[212] zugrunde. Die Anliegerstaaten mußten eine Entscheidung über den Vertragsbeitritt bzw. ihre eigene Vertragstreue[213] treffen, ohne im vorhinein die „Strategie" der anderen Anlieger sicher einschätzen zu können. Der abgeschlossene Vertrag soll nach der Präambel der nachhaltigen Entwicklung, der Erhaltung und der Nutzung des Mekong-Beckens dienen. Für die Anliegerstaaten bestand nun die Möglichkeit, wie geschehen einen Vertrag auszuhandeln und damit auf die ungehemmte Ausbeutung des Flusses freiwillig zu verzichten. Damit ziehen die Anlieger zwar zunächst nicht den größtmöglichen Nutzen aus dem Fluß, ermöglichen dafür aber eine dauerhaftere und konstantere Nutzung. Dieses Ergebnis entspricht dem jeweils einen Jahr Freiheitsentzug im „Gefangenendilemma". Verhielte sich dagegen ein Anlieger nicht kooperativ und träte dem Vertrag nicht bei oder hielte ihn nicht ein, so zöge er aus dem Vertragsbeitritt bzw. der Vertragstreue der anderen Vorteile. Während nämlich die anderen Anliegerstaaten als Vertragsmitglieder Kosten für die Erhaltung des Mekong-Beckens aufbringen und ihre Nutzung einschränken müssen, kann jener Staat nicht nur den Mekong ungehindert ausbeuten, sondern profitiert gleichzeitig als „Trittbrettfahrer" von den Erhaltungsmaßnahmen der anderen, ohne dafür Kosten zu tragen. Obwohl die anderen Staaten kooperativ spielen, erhöht jener durch sein nicht-kooperatives

---

211 Zum „Gefangenendilemma" ausführlich: *Holler/Illing*, Spieltheorie, S. 2 ff.; siehe auch *Weimann*, Umweltökonomik, S. 60 ff.; *Krumm*, Internationale Umweltpolitik, S. 6 ff.
212 I.L.M. 34 (1995), S. 864 ff.
213 Zu dieser Unterscheidung bei „Trittbrettfahrern" siehe *Sand* in: A.D.I., La Politique de l'Environnement, S. 75 (110).

Verhalten also seinen eigenen Vorteil (d.h. als Häftling wird er begnadigt) und schadet gleichzeitig den anderen Anliegern (diese erhalten sieben Jahre Gefängnis). Wenn dagegen auch die restlichen Anliegerstaaten nicht an einer Zusammenarbeit interessiert sind, so müssen alle Anlieger Einschränkungen durch die anderen Staaten in der Flußnutzung hinnehmen und mit einer langfristigen Verschlechterung des Binnengewässers rechnen, zahlen aber wenigstens nicht noch Kosten für einen nicht-kooperativen Anlieger. Dieses Ergebnis entspricht den fünf Jahren Freiheitsstrafe für jeden Spieler. Wie im „Gefangenendilemma" besteht also für einen Anliegerstaat aus dem Blickwinkel der unmittelbaren Vorteilsziehung der Anreiz, sich in jedem Fall nicht kooperativ zu verhalten: handeln die anderen ebenso, unterstützt er wenigstens nicht noch einen „Trittbrettfahrer" und kann das Binnengewässer - zumindest kurzfristig - nach seinem Gutdünken nutzen; kooperieren die anderen dagegen, so profitiert er von den Erhaltungsmaßnahmen und Nutzungseinschränkungen der anderen, ohne selbst irgendwelchen vertraglichen Beschränkungen in der Wassernutzung zu unterliegen.

Diese Situation des „Gefangenendilemmas" läßt sich noch auf viele weitere Wassernutzungskonflikte übertragen.[214] Zu fragen ist also, weshalb es in der völkerrechtlichen Praxis überhaupt zu solchen Verträgen kommt bzw. weshalb diese dann in der Regel eingehalten werden, obwohl die wirtschaftswissenschaftliche Betrachtungsweise doch zunächst das gegenteilige Ergebnis nahelegte. Bevor auf diese Frage eingegangen wird, soll aber untersucht werden, ob auch andere Spielmodelle ähnliche Ergebnisse für Wassernutzungskonflikte zeitigen.

b) Das „Chicken Game"

Es gibt internationale Wassernutzungskonflikte, bei denen die Situation anders liegt als bei den eben erläuterten Beispielen. So nahmen z.B. Israel und das Königreich Jordanien im Streit um das Wasser des Jordan lange Zeit keinerlei Rücksicht auf den anderen Staat und bauten Staudämme und Wasserableitungen zum jeweils größtmöglichen eigenen Nutzen.[215] Dies führte schließlich

---

214 Zur Übertragung dieses Spielmodells allgemein auf politische Verhandlungsprozesse siehe *Brams*, Negotiation Games, S. 102 ff.
215 Ausführlich zu den hydrologischen, politischen und wirtschaftlichen Zusammenhängen im Jordan-Tal *Dellapenna*, Palest.Yb.I.L. V (1989), S. 15 ff. Zu den Baumaßnahmen am Jordan siehe *Lechner*, Zeit-Magazin 13/1996, S. 12 (18).

zu einer Situation, in der absehbar war, daß bei weiterhin mangelnder Kooperation beider Staaten eine Wassernutzung bald nicht mehr sinnvoll möglich sein würde, da die Wassermenge des Jordan abnahm und zudem das Wasser einen immer höheren Salzgehalt und erhebliche Verschmutzungen aufwies.[216] In der Spieltheorie läßt sich diese Situation mit dem „Chicken Game" darstellen. Der Name dieses Spielmodells rührt von einer früher in den USA bekannten Mutprobe unter Jugendlichen. Dabei fahren zwei Spieler im Auto mit hoher Geschwindigkeit aufeinander zu. Wer ausweicht hat verloren und gilt als Feigling („chicken"). Weichen beide Spieler aus, endet das Spiel unentschieden, während im gegenteiligen Fall das Spiel für beide tödlich ausgeht.[217] In dieser Spielsituation besteht zwar wie im „Gefangenendilemma" für beide Spieler der Anreiz, nicht zu kooperieren, d.h. nicht auszuweichen und als Held zu gewinnen, dieser Anreiz wird jedoch erheblich durch das Risiko gemindert, daß beide Spieler nicht kooperieren und somit einen „Totalverlust" erleiden. Ebenso wie im vorherigen Spielmodell werden die Spieler also dazu tendieren, sich nicht kooperativ zu verhalten; die konkrete Entscheidung hängt dann allerdings von der jeweiligen Risikobereitschaft des Spielers ab. Kooperatives Verhalten zeitigt im „Chicken Game" - im Gegensatz zum „Gefangenendilemma" - folglich nicht immer das weniger nutzbringende Ergebnis im Vergleich zu nicht-kooperativem Verhalten, sondern kann auch die zweitbeste Lösung sein, wenn nämlich der Mitspieler nicht kooperiert. Somit ergibt sich folgende Auszahlungsmatrix:

Matrix 2: „Chicken Game"

	Spieler B: kooperativ	Spieler B: nicht-kooperativ
Spieler A: kooperativ	(2/2)	(1/3)
Spieler A: nicht-kooperativ	(3/1)	(0/0)

Im Streit zwischen Israel und Jordanien wollten beide Staaten letztlich nicht das Risiko laufen, ihre wichtigste Wasserquelle langfristig unbrauchbar zu

---

216 Siehe *Lechner*, Zeit-Magazin 13/1996, S. 12 (18), sowie *Der Spiegel 22/1992*, S.184 (192).

217 Zum „Chicken Game" näher *Holler/Illing*, Spieltheorie, S. 89 ff., sowie *Taylor/Ward*, Political Studies 30 (1982), 350 (352).

machen, und schlossen daher den Friedensvertrag[218] vom 26.10.1994, in dem sie die saisonal unterschiedliche Verteilung des Wassers, die Einrichtung von Wasserspeichern, den Bau von Dämmen und Entsalzungsanlagen und anderes mehr vereinbarten.[219]

Es zeigt sich also, daß auch das „Chicken Game" in der völkerrechtlichen Praxis zwar tendenziell zu dem Ergebnis führen müßte, daß sich Staaten in Wassernutzungskonflikten nicht kooperativ verhalten.[220] Diese Tendenz wird jedoch durch den Umstand abgemildert, daß in Streitigkeiten über internationale Binnengewässer oft zu viel auf dem Spiel steht, als daß jeder Staat das Risiko liefe, durch mangelnde Zusammenarbeit seine Nutzungsmöglichkeiten möglicherweise ganz zu verlieren.

c) Das „Hirschjagd-Spiel"

Schließlich sind noch unübersichtlichere Situationen in Wassernutzungskonflikten denkbar, bei denen allein das Ziel einer angemessenen Aufteilung der Nutzungsrechte feststeht, der Weg zu einer konkreten Lösung aber völlig offen ist. In der völkerrechtlichen Praxis mag hier der Nil als Beispiel dienen. Obwohl der Nil der bedeutendste Fluß Afrikas ist, gibt es bis heute noch kein internationales Abkommen über dessen Einzugsgebiet als Ganzes.[221] In der Spieltheorie läßt sich diese Situation mit dem Modell der „Hirschjagd" darstellen[222]: Mehrere Jäger gehen auf Hirschjagd, wobei jeder gerne selbst den Hirsch erlegen möchte. Zur Erreichung dieses Ziels ist eine Zusammenarbeit in der Jagdgruppe jedoch unumgänglich. Es besteht für den einzelnen Jäger aber auch die Möglichkeit, einen vorbeiflüchtenden Hasen zu erlegen und zu verspeisen (und damit die Zusammenarbeit aufzukündigen), womit er aber den Rest der Gruppe um die Chance bringt, den Hirsch zu erlegen. Dieses Spiel ist mit vielen Unsicherheiten behaftet. Zum einen wird der Jäger sicher den Hasen erlegen, wenn er meint, daß mindestens ein zweiter Jäger nicht kooperativ handelt. Zum

---

218 I.L.M. 34 (1995), S. 43 ff.

219 Siehe Anlage II des Vertrages sowie *Government of Israel*, Development Options for Cooperation, Kapitel 4 (2.2 ff.), S. 15 ff.

220 Zu weiteren praktischen Anwendungsmöglichkeiten des „Chicken Game", z.B. auf die Kuba-Krise, siehe *Brams*, Negotiation Games, S. 104 ff.

221 Siehe *McCaffrey* in: *Gleick*, Water in Crisis, S. 92 (94).

222 Zu diesem Modell *Benvenisti*, AJIL 90 (1996), S. 384 (390).

anderen ist der Hase für den Jäger auch dann interessant, wenn er befürchten muß, daß sein Beuteanteil am Hirsch kleiner ausfällt als der ganze Hase. Schließlich besteht für den Jäger aber die Chance, ehrenvoll den Hirsch selbst zu erlegen, wenn alle Mitspieler kooperieren. Im Zweifel bewirken die vielen Unsicherheiten bei dem einzelnen Spieler wohl, die Zusammenarbeit aufzukündigen und die sichere Beute des Hasen dem ansonsten noch ungewissen Beuteanteil am Hirsch vorzuziehen.[223]

Auf das Nil-Beispiel angewendet bedeutet das „Hirschjagd-Spiel", daß die Komplexität der verschiedenen Wassernutzungen bisher eine umfassende Lösung verhindert hat. Zwar könnte durch einen Staudamm am Tana-See in Äthiopien ein großer Teil des Wasserverlustes am Assuan-Staudamm in Ägypten vermieden werden, jedoch bedeutete das Einschränkungen der ägyptischen Kontrolle über den Fluß, und auch die angemessene Aufteilung der gewonnenen Nutzungsmöglichkeiten wäre allein dadurch noch nicht sichergestellt.[224] So sind im Laufe der Zeit einige Verträge über Teile des Nils zustandegekommen[225], ein großes Rahmenabkommen aller Anliegerstaaten ist aber nicht in Sicht. Dem Modell des „Hirschjagd-Spiels" entsprechen insbesondere Wassernutzungskonflikte mit vielen unterschiedlichen Anliegerstaaten und daraus resultierenden komplexen Problemzusammenhängen. Die Anlieger ziehen in solchen Fällen den sicheren gegenwärtigen Nutzen einem ungewissen zukünftigen Nutzen durch vertragliche Kooperation vor. Auch das „Hirschjagd-Spiel" legt also für Streitigkeiten über internationale Binnengewässer das Ergebnis nahe, daß völkerrechtliche Abkommen entweder erst gar nicht geschlossen oder zumindest nicht eingehalten werden.

d) Das „Versicherungs-Spiel"

Als letztes Beispiel für ein auf internationale Wassernutzungskonflikte übertragbares Spielmodell sei hier das „Versicherungs-Spiel" („Assurance Game") angeführt.[226] Zu denken ist hierbei etwa an zwei Anlieger, die ein System zur Flutkontrolle aufrechterhalten. Dieses System kann nur sinnvoll funk-

---

223 Wegen der Vielzahl von möglichen Verhaltensweisen in diesem komplexen Spiel läßt sich dieses nicht in einer einfachen Auszahlungsmatrrix darstellen.
224 Siehe *Benvenisti*, AJIL 90 (1996), S. 384 (390).
225 Siehe oben S. 19 f.
226 Dazu siehe *Finus*, Jahrb. Ök.u.Ges. 1997, S. 239 (252 ff.), sowie *Taylor/Ward*, Political Studies 30 (1982), 350 (353 f.).

tionieren, wenn beide Staaten die in ihren Verantwortungsbereich fallenden Aufgaben erfüllen, d.h. bestimmte Projekte realisieren oder Wartungsarbeiten durchführen. Bei beiderseitiger Zusammenarbeit hat das System seinen größten Nutzen für die Anlieger, während es seinen Nutzen nicht mehr erfüllen kann, wenn einer der Anlieger nicht kooperiert. In diesem Fall bringt der andere seine Kosten für die Vertragserfüllung umsonst auf. Er ist daher daran interessiert, sich z.B. mittels verbindlicher Absprachen zu versichern („assure"), daß sein Vertragspartner die Zusammenarbeit einhält. Somit ergibt sich folgende Auszahlungsmatrix:

Matrix 3: „Versicherungs-Spiel"

	Spieler B: kooperativ	Spieler B: nicht-kooperativ
Spieler A: kooperativ	(1/1)	(-1/0)
Spieler A: nicht-kooperativ	(0/-1)	(0/0)

Als Anwendungsbeispiel zum „Versicherungs-Spiel" in der völkerrechtlichen Vertragspraxis kann der Columbia-Vertrag[227] von 1961 dienen. Hierin vereinbarten Kanada und die USA ein gemeinsames System zur Flutkontrolle und zur Energiegewinnung durch die Errichtung von Staudämmen. Das nichtkooperative, d.h. vertragsbrüchige Verhalten eines Anliegers hätte faktisch zur Nutzlosigkeit des in sich abgestimmten Systems geführt. Auch dieses Modell führt somit zu dem Ergebnis, daß die Spieler im Zweifel, d.h. wenn sie sich der Kooperation des Vertragspartners nicht völlig sicher sein können, das Risiko von unnütz aufgewendeten Kosten scheuen und folglich nicht-kooperativ entscheiden werden.

e) Sonstige Spielsituationen

Neben den bisher untersuchten Situationen gibt es eine Reihe denkbarer Wassernutzungskonflikte, die von keinem der beschriebenen Spielmodelle erfaßt werden. Insbesondere die Situation, daß Ober- und Unterlieger ganz verschiedene Einwirkungsmöglichkeiten auf Gewässer haben können, paßt in keines der Modelle. So läßt sich als Extremfall denken, daß einem Unterliegerstaat

---

227 UNTS 542, S. 244 ff.

von einem Oberlieger der Wasserzufluß aus einem Gewässer bis auf geringe Mengen gesperrt wird. Ein derartiges Verhalten wirft z.B. Portugal seinem spanischen Nachbarn vor, welcher angeblich Flüsse nur als dünne Rinnsale nach Portugal fließen läßt.[228]

Ein solcher Extremfall kann aber von der Spieltheorie grundsätzlich nicht erfaßt werden. Die Spieltheorie paßt nur auf Situationen, in denen die Entscheidungen der Spieler voneinander abhängen. Voraussetzung der Spieltheorie ist des weiteren, daß in den zugrundeliegenden Situationen rational handelnde Spieler durch Zusammenarbeit einen Kooperationsgewinn erzielen können.[229] In dem Fall, daß ein Unterliegerstaat vollständig vom Verhalten eines Oberliegers abhängt, ist diese notwendige Voraussetzung aber nicht erfüllt. Sofern nämlich der Unterlieger dem Oberlieger keinen Vorteil für eine geplante Zusammenarbeit anbieten kann, hängt die Entscheidung des Oberliegers nicht vom Verhalten seines Nachbarn ab. Der Unterlieger kann also das Verhalten des Oberliegers in keiner Weise beeinflussen.

Allerdings sind derartige Extremsituationen, in denen ein Staat von dem Verhalten eines anderen Staates in einem Wassernutzungskonflikt vollständig abhängt, kaum praktisch vorstellbar. Vielmehr gibt es in Konflikten noch eine Reihe weiterer Faktoren, die das Verhalten der Anlieger bestimmen. Ein Oberlieger, welcher aufgrund seiner starken Position ein Gewässer ohne Rücksicht auf seinen Nachbarn ausbeutet, dürfte dafür bald auf anderen Gebieten der internationalen Beziehungen - allein schon wegen des Reputationsverlusts - erhebliche Nachteile erleiden. Je nach Einzelfall dürfte dann wiederum ein Spielmodell darauf anwendbar sein. Jedenfalls wird aber der schwächere Partner eher zur Zusammenarbeit bereit sein, als er dies bei einem gleichstarken Mitspieler in der entsprechenden Situation sonst wäre.

2. Übertragbarkeit der Spielmodelle auf internationale Wassernutzungskonflikte

Als Ergebnis der spieltheoretischen Betrachtung internationaler Wasserverteilungskonflikte läßt sich zunächst festhalten, daß Staaten eigentlich dazu tendieren müßten, Verträge entweder gar nicht abzuschließen oder sie zumindest nicht einzuhalten. Wie das Kapitel über die völkerrechtliche Vertragspraxis

---

228 Siehe *Weimer, FAZ* v. 16.09.1995, S. 13; ders., *FAZ* v. 09.08.1995, S. 8.
229 Siehe *Eidenmüller* in: *Breidenbach/Henssler*, Mediation für Juristen, S. 31 (35 f.).

zeigte, ist dieses Ergebnis in der zwischenstaatlichen Realität aber offensichtlich - zumindest in der weit überwiegenden Zahl der Fälle - falsch. Das spieltheoretisch gefundene Modell bildet die Wirklichkeit folglich nur unzureichend ab. Daher ist zu untersuchen, welche Einwände gegen dieses Modell sprechen, und ob das Modell modifiziert oder komplettiert werden muß.

a) Kooperative und nicht-kooperative Spiele

Ein erster Einwand betrifft die in den Spielmodellen bisher vorausgesetzte Situation, daß die Spieler ihre Entscheidung ohne verbindliche vorherige Absprache treffen. Diese Prämisse trifft jedoch in der zwischenstaatlichen Praxis häufig nicht zu, da die Anlieger ja untereinander in Verhandlungen treten bzw. schon völkerrechtlich verbindliche Verträge geschlossen haben. In der Spieltheorie werden Situationen, in denen die Spieler verbindliche Abmachungen eingehen, als kooperative Spiele bezeichnet.[230] Verbindliche Abmachungen setzen voraus, daß die Spieler untereinander kommunizieren können und die Abmachungen auch durchsetzbar sind.[231] So ließe sich im „Gefangenendilemma" etwa eine Mafia-Organisation vorstellen, welche die von den Untersuchungshäftlingen getroffene Vereinbarung „dichtzuhalten" mittels eines Killerkommandos überwacht.[232] In diesem Spiel würde der Vorteil, den jeder Gefangene durch ein Geständnis erlangte, durch den sicheren Tod zunichte gemacht, so daß die Nicht-Kooperation ihres Vorteils beraubt und sich die Tendenz zu einem kooperativen Verhalten umkehren würde.

Auf die völkerrechtliche Vertragspraxis gewendet läßt sich die Mafia-Organisation mit der Existenz des völkerrechtlichen Systems vergleichen. So soll das Völkerrecht z.B. mit seiner grundsätzlichen Regel „pacta sunt servanda" die Einhaltung der geschlossenen Verträge sicherstellen. Allerdings entspricht es gerade nicht der zwischenstaatlichen Praxis, daß allein aufgrund dieser Regel die Verträge eingehalten würden und folglich in dem Spiel „Nutzung eines internationalen Binnengewässers" die Anlieger aufgrund des Völkerrechts stets das kooperative Verhalten dem nicht-kooperativen vorzögen. Vielmehr ist es für die Anlieger oftmals sehr schwer oder gar unmöglich, die Vertragstreue der anderen Vertragspartei(en) konkret nachzuprüfen. So können die Anlieger häufig nicht die Umsetzung konkreter Zahlenangaben wie z.B. Wasser-

---

230 Siehe *Holler/Illing*, Spieltheorie, S. 23, 174.
231 Siehe *Holler/Illing*, Spieltheorie, S. 175 f. Zu diesem Erfordernis siehe auch *Durth*, ZfU 1996, S. 183 (186).
232 Dazu: *Weimann*, Umweltökonomik, S. 63 f.; *Holler/Illing*, Spieltheorie, S. 175.

entnahmequanten im Detail überprüfen.[233] Selbst wenn aber die Überwachung der Vertragstreue gelingt, fehlt es im Völkerrecht häufig an effektiven Mitteln, die Einhaltung des Vertrages durchzusetzen. So können zwar ständige Kommissionen für den Vertrag eingesetzt, Streitbeilegungsregeln aufgestellt oder Sanktionsmechanismen festgelegt werden[234], jedoch bedarf es für eine gedeihliche Zusammenarbeit der Vertragsparteien des guten Willens aller Anlieger.[235] Auch die Gerichtsbarkeit des *Internationalen Gerichtshofs* ist nicht obligatorisch, sondern erfordert gemäß Artikel 36 Absatz 2 des IGH-Statuts die freiwilligen Unterwerfung der Konfliktparteien. Somit kann der Einwand, daß in kooperativen Spielen im Gegensatz zu den oben in den Spielmodellen vorausgesetzten Situationen gerade keine Tendenz zu nicht-kooperativem Verhalten besteht, für die völkerrechtliche Praxis im Wassernutzungsrecht nicht vollends durchgreifen, da nicht von einer lückenlosen Überwachbarkeit und sicheren Durchsetzbarkeit der geschlossenen Abkommen ausgegangen werden kann. Das völkerrechtliche System ist folglich nicht der Mafia-Organisation im kooperativen Modell des „Gefangenendilemmas" vergleichbar und vermag daher nicht die Tendenz zu kooperativem Verhalten ausnahmslos sicherzustellen.

Andererseits bedeutet das Fehlen einer sicheren Überwachbarkeit und Durchsetzbarkeit von Vertragstreue in der völkerrechtlichen Praxis keineswegs, daß Staaten aus diesem Grund zu nicht-kooperativem Verhalten tendierten. In den zwischenstaatlichen Beziehungen hängt es vielmehr von einer Vielzahl unterschiedlichster Faktoren - wie z.B. innenpolitischen Einflüssen oder der internationalen Reputation - ab, ob und wie Verträge eingehalten und umgesetzt werden.[236] Diese Faktoren vermögen durchaus die Wirkung einer Mafia-Organisation im spieltheoretischen Modell zu entfalten, d.h. Staaten jeglichen Vorteils aus einem nicht-kooperativen Verhalten zu berauben und zur Kooperation zu bewegen.

Bei internationalen Wassernutzungskonflikten kann also nicht wegen der bloßen Möglichkeit eines Vertragsbruchs vom Modell eines nicht-kooperativen Spiels ausgegangen werden. Es handelt sich bei diesen Konflikten vielmehr um

---

233 Zur Überwachbarkeit völkerrechtlich eingegangener Verpflichtungen siehe *Bothe* in: Höll, Environmental Cooperation in Europe, S. 123 (132 ff.).

234 Siehe z.B. die „Musterregelungen" des Kapitels 6 und des Anhangs der „Helsinki Rules", *ILA*, Reports of the Fifty-second Conference, Helsinki 1966, S. 484 ff.

235 Zur Durchsetzbarkeit internationaler Umweltverträge ausführlich: *Bothe* in: *A.D.I.*, La Politique de l'Environnement, S. 17 (66 ff.); *ders.* in: *Wolfrum*, Enforcing Environmental Standards, S. 13 ff. Vgl. auch *Weimann*, Umweltökonomik, S. 150 f.

236 Dazu gleich ausführlicher unter c.

sehr komplexe Sachverhalte, die nicht allein vom konkreten Streit um die Wassernutzung bestimmt werden, sondern Einflüssen vieler anderer Faktoren unterliegen. Daher vermag die modellhafte Unterteilung in kooperative und nichtkooperative Spiele die Wirklichkeit nicht hinreichend abzubilden. Es mag zwar durchaus Situationen geben, welche angesichts der bestehenden Völkerrechtsordnung einem nicht-kooperativen Spiel entsprechen, die meisten internationalen Konflikte enthalten jedoch zumindest auch Elemente eines kooperativen Spiels. Folglich muß bei der Übertragung des spieltheoretischen Modells auf internationale Wassernutzungskonflikte die Komplexität der zugrundeliegenden Sachverhalte beachtet werden. Aus diesem Grund verbietet es sich, wegen der häufig fehlenden zwingenden Durchsetzbarkeit internationaler Verträge von einem nicht-kooperativen Spiel auszugehen.

b) Endlich und unendlich wiederholte Spiele

Gegen das spieltheoretische Ergebnis, daß Staaten zu nicht-kooperativen Entscheidungen neigen, könnte als weiterer Einwand vorgebracht werden, daß sich das Verhalten der Beteiligten ändert, wenn das Spiel wiederholt wird. Diese Beobachtung ist wiederum für endlich wiederholte und unendlich wiederholte Spiele zu unterscheiden.

Sofern beispielsweise das „Gefangenendilemma" unendlich oft wiederholt wird, stellen sich beide Spieler am besten, wenn sie in jeder Runde kooperieren, da sie ansonsten damit rechnen müssen, daß der Mitspieler in der nächsten Runde zur Bestrafung nicht kooperiert[237] und damit ein ungünstigeres Ergebnis als bei beiderseitiger Zusammenarbeit erzielt würde.[238] Obwohl nämlich durch nicht-kooperatives Verhalten in der ersten Spielrunde eventuell das optimale Ergebnis („Begnadigung") erreicht werden kann, wird dieser Vorteil dadurch mehr als wettgemacht, daß der Mitspieler in der nächsten Runde nicht kooperiert. Nicht-kooperatives Verhalten bringt so kurzfristig mögliche Vorteile, auf die Dauer ist aber Zusammenarbeit die für beide Spieler nutzbringendste Alternative.

Anders dagegen ist die Lage bei endlich wiederholten Spielen. Nimmt man im „Gefangenendilemma" zehn Spielrunden an, so besteht in der letzten Runde für jeden Spieler der Anreiz, sich nicht kooperativ zu verhalten und

---

[237] Zu dieser „Vergeltungsstrategie" („Tit-for-Tat-Strategie") siehe z.B. *Krumm*, Internationale Umweltpolitik, S. 107 f.
[238] Siehe *Varian*, Mikroökonomie, S. 270 ff.; *Holler/Illing*, Spieltheorie, S. 21 f., 134 ff.

damit das für sich günstigste Resultat zu erzielen; eine eventuelle Rücksichtnahme auf das zukünftige wohlwollende Verhalten des Mitspielers wäre in der letzten Runde schließlich überflüssig. Gleiches gilt jedoch auch in der vorletzten Spielrunde: da beide Spieler davon ausgehen, der Mitspieler werde sich in der letzten Runde als nicht-kooperativ erweisen, besteht für sie auch kein Anreiz, sich in Runde neun der zukünftigen Zusammenarbeit des Mitspielers durch kooperatives Verhalten zu versichern.[239] Somit haben beide Spieler auch in Runde neun die Tendenz, nicht-kooperativ zu entscheiden. Die gleiche sogenannte Rückwärts-Induktion[240] gilt für Runde acht bis Runde eins des Spiels, so daß festgestellt werden kann, daß in endlich oft wiederholten Spielen - ebenso wie in nur einmal durchgeführten Partien - sich keiner der Spieler kooperativ verhalten wird.

Zu fragen ist nun, ob sich Staaten beim Spiel „Nutzung eines internationalen Binnengewässers" in einem unendlich wiederholten Spiel befinden, so daß die völkerrechtliche Praxis, daß Staaten in Verhandlungen treten und geschlossene Verträge in der Regel einhalten, mit dem spieltheoretisch gefundenen Ergebnis bei unendlichen Spielen erklärt werden kann.

Sicher kann man zunächst davon ausgehen, daß es sich bei internationalen Wassernutzungskonflikten um wiederholte Spiele handelt, bei denen mehrere Runden gespielt werden. So treten Anliegerstaaten in Vertragsverhandlungen und machen ihre Entscheidungen bezüglich der Ausarbeitung des Vertragstexts u.a. von den Angeboten und Reaktionen der Verhandlungspartner abhängig, bis sie sich schließlich einigen. Auch bei der Durchführung des Vertrages hängt ihre Vertragstreue u.a. vom Verhalten der anderen Parteien ab, und es werden immer wieder neue Entscheidungen, z.B. über die Realisierung gemeinsamer Projekte oder im Rahmen von Konfliktlösungsmechanismen, gefordert.

Fraglich ist jedoch, ob Wassernutzungskonflikte nicht insofern nur endlich oft wiederholte Spiele darstellen, als die Spieler, nämlich die Repräsentan-

---

239 Siehe *Varian*, Mikroökonomie, S. 270; *Holler/Illing*, Spieltheorie, S. 22; *Krumm*, Internationale Umweltpolitik, S. 108; *Finus*, Jahrb. Ök.u.Ges. 1997, S. 239 (256 ff.); ebenso *Eidenmüller* in: *Breidenbach/Henssler*, Mediation für Juristen, S. 31 (51); *Benvenisti*, AJIL 90 (1996), S. 384 (391 f.). An dieser Stelle sei jedoch darauf hingewiesen, daß dieses Ergebnis in seiner reinen Form nicht in Experimenten nachgewiesen werden konnte; die Testpersonen zeigten sich vielmehr kooperativer als theoretisch zu erwarten; dazu ausführlich *Weimann*, Umweltökonomik, S. 83 ff. (91) - der übrigens auch auf den Befund aufmerksam macht, daß sich Ökonomiestudenten weniger kooperativ als ihre Kommilitonen an anderen Fachbereichen verhielten (a.a.O., S. 86 f., 95 f.).

240 Siehe *Varian*, Mikroökonomie, S. 270; *Holler/Illing*, Spieltheorie, S. 22.

ten der Anliegerstaaten, lediglich eine bestimmte Zeit lang, nämlich die Dauer ihrer Amtsführung, Entscheidungen treffen können.[241] Man könnte nun annehmen, daß die staatlichen Entscheidungsträger gegen Ende ihrer Amtsperiode kein Interesse mehr an einer Zusammenarbeit mit dem oder den anderen Anliegerstaaten haben, da sie gemäß den oben erläuterten Spielmodellen kurzfristig höheren Nutzen mit einer nicht-kooperativen Strategie erzielen können und somit ihre Chancen auf Wiederwahl - sofern es sich um demokratische Staaten handelt - steigern. Allerdings müßte nach der eben beschriebenen Theorie der Rückwärts-Induktion der Wille zur Zusammenarbeit bereits von der ersten Spielrunde an fehlen. Letzteres ist jedoch deshalb nicht der Fall, weil die staatlichen Repräsentanten langfristige politische Erfolge durch Kooperation zunächst höher gewichten als kurzfristige Gewinne durch mangelnde Vertragstreue. Theoretisch nimmt daher der Wille zur Zusammenarbeit mit dem Ablauf der Amtsperiode immer mehr ab. An diesem Punkt zeigt sich nun, daß das Modell von endlich oft wiederholten Spielen nicht einfach auf die völkerrechtliche Praxis übertragen werden kann. Schließlich haben wir bereits gesehen, daß die Abkommen über internationale Binnengewässer in der Regel eingehalten werden und keineswegs als Phänomen beobachtet werden kann, daß staatliche Vertreter gegen Ende ihrer Amtsperiode gehäuft Vertragsbrüche begehen. Vielmehr haben die genannten Abkommen Bestand über viele Regierungswechsel hinaus. Zudem bedeutet nicht jeder Akteurswechsel in einem Spiel notwendigerweise Diskontinuität, sondern auch bei Regierungswechseln kann durchaus eine über mehrere Amtsperioden angelegte Politik z.B. bei Wassernutzungskonflikten verfolgt werden.

Daher ist zu prüfen, ob es sich bei internationalen Wassernutzungskonflikten nicht doch um Situationen handelt, die unendlich oft wiederholten Spielen entsprechen. Betrachtet man die bei internationalen Binnengewässern sich stellenden Probleme nicht aus der Sicht einzelner Staatsrepräsentanten, sondern sachorientiert, so sprechen die Komplexität der auftretenden Probleme sowie die Tatsache, daß die bestehenden Abkommen auf eine langfristige Regelung des Konflikts angelegt sind und teilweise keine Kündigungsmöglichkeiten vorsehen[242], für ein Spiel mit zeitlich nicht vorhersehbarem Ende. Offenbar machen sich auch staatliche Vertreter diese Sicht zu eigen, wenn sie nicht aus per-

---

241 Vgl. auch *Finus*, Jahrb. Ök.u.Ges. 1997, S. 239 (289). Nicht auf diese Fragestellung eingehend dagegen *Benvenisti*, AJIL 90 (1996), S. 384 (391 f.).
242 Siehe z.B. den Nil-Vertrag (UNTS 453, S. 51 ff.) oder das Paraná-Übereinkommen (ILM 19 [1980], S. 615 ff.). Unberührt bleiben natürlich die sich aus dem Völkerrecht ergebenden allgemeinen Kündigungsmöglichkeiten wie z.B. die „clausula rebus sic stantibus".

sönlichen Gründen zu einem bestimmten Zeitpunkt die vertraglich vereinbarte Zusammenarbeit aufkündigen, sondern das Abkommen sachorientiert weiterführen und somit eine langfristige Kooperation ermöglichen. Folglich ist das Modell unendlich oft wiederholter Spiele das auf internationale Wasserverteilungsprobleme zutreffende Spielmodell.[243] In der Theorie macht es dabei keinen Unterschied, ob es sich um ein Spiel mit zeitlich unvorhersehbarem Ende oder um ein unendlich wiederholtes Spiel handelt, da die Motivation der Mitspieler in beiden Situationen die gleiche ist und auch im ersten Fall nicht mit einer oben beschriebenen negativen Rückwärts-Induktion zu rechnen ist.

Somit entspricht das spieltheoretisch gefundene Ergebnis, daß im unendlichen Spiel „Nutzung eines internationalen Binnengewässers" die Anlieger zu kooperativem Verhalten neigen, der in den zwischenstaatlichen Beziehungen zu beobachtenden Praxis.

c) Staaten als rationale Spieler

Schließlich ist bei der Analyse internationaler Wassernutzungskonflikte mit Hilfe von Spielmodellen noch einzuwenden, daß die Annahme von Staaten als stets rational handelnde, allein durch die jeweilige Konfliktsituation beeinflußte Spieler eine sehr theoretische ist.[244]

So haben die Anlieger internationaler Binnengewässer bei ihren Entscheidungen über Vertragsbeitritt bzw. Vertragstreue nicht nur außen-, sondern auch innenpolitische Interessen zu berücksichtigen. Insbesondere Lobbyisten aus Industrie, Verbänden, Parteien oder anderen Interessengruppen versuchen, Entscheidungen auch auf zwischenstaatlicher Ebene zu beeinflussen.[245] Internationale Verhandlungen werden zudem häufig unter dem Vorbehalt geführt, daß das Verhandlungsergebnis auch innenpolitisch durchsetzbar sein müsse. Folglich handelt es sich bei zwischenstaatlichen Spielen immer um Spiele auf zwei Ebenen („two-level games"), die beide beachtet werden müssen.[246] Die

---

243 Für ein solches Ergebnis sprechen auch *Weimann*, Umweltökonomik, S. 142 f., sowie *Finus*, Jahrb. Ök.u.Ges. 1997, S. 239 (247), und *Benvenisti*, AJIL 90 (1996), S. 384 (391).

244 Darauf weist zu Recht *Benvenisti*, AJIL 90 (1996), S. 384 (392 ff.), hin; siehe auch *Eidenmüller* in: *Breidenbach/Henssler*, Mediation für Juristen, S. 31 (35, 38 ff.).

245 Das aus solchem politischen Druck resultierende „Regierungsversagen" auf zwischenstaatlicher Ebene wird beklagt von *Andersson*, Ecological Economics 4 (1991), S. 215 (225 ff.).

246 Zur Struktur solcher „two-level games" siehe den grundlegenden Aufsatz von *Putnam* in: *Evans/Jacobson/Putnam*, Double-Edged Diplomacy, S. 431 ff.

Einbeziehung dieser zweiten - innenpolitischen - Ebene in die Spielmodelle sagt jedoch noch nichts über das Ergebnis des Spiels aus. Insgesamt werden die spieltheoretischen Modelle durch eine zusätzliche, die Spielentscheidungen beeinflussende Ebene zwar verkompliziert, aber es läßt sich nicht generell feststellen, ob sich Spieler deshalb mehr oder weniger kooperativ verhalten.[247] Vielmehr ist der innenpolitische Einfluß auf zwischenstaatliche Entscheidungen der Anlieger in jedem Einzelfall unterschiedlich, so daß sich für die theoretische Betrachtung unseres Problems keine Aufschlüsse ergeben.

Als weiterer entscheidungserheblicher Faktor in Wassernutzungskonflikten ist die internationale Reputation von Staaten zu nennen. Zwar können Staaten durch nicht-kooperatives Verhalten in einzelnen Konflikten kurzfristige Vorteile ziehen. Gegen diese Vorteile ist jedoch der Verlust internationalen Ansehens und damit eine Schwächung der Verhandlungsposition in anderen Bereichen zwischenstaatlicher Beziehungen abzuwägen.[248] Diese Überlegungen verstärken aber nur das spieltheoretisch gefundene Ergebnis, daß Anliegerstaaten dazu neigen, bei Wasserverteilungsproblemen mit anderen - auch „schwächeren" - Spielern zusammenzuarbeiten.

Schließlich ist als Beispiel für das nicht allein rationale, den Spielmodellen entsprechende Verhalten von Staaten die Beobachtung anzuführen, daß Staaten oftmals weniger nach absoluten als nach relativen Gewinnen in den zwischenstaatlichen Beziehungen trachten.[249] So mag es staatlichen Vertretern durchaus wichtiger erscheinen, die „power gap" zu anderen Staaten zu vergrößern, als für das eigene Land den absolut höchsten Gewinn zu erreichen. Auch diese Beobachtung stellt jedoch keinen grundlegenden Einwand gegen die auf das internationale Wasserrecht bezogenen Spielmodelle dar. Zwar könnte man zunächst annehmen, daß Anlieger, die hauptsächlich nach relativen und nicht nach absoluten Gewinnen trachten, weniger kooperativ agieren. Dieser Schluß ist aber keineswegs zwingend. Vielmehr kann es Staaten gelingen, die „power gap" zu anderen Staaten durch geschickte Verhandlungen oder durch Vereinbarung von Ausgleichszahlungen o.ä. zu vergrößern oder zumindest aufrechtzuerhalten.[250] Daher läßt sich aus der Beobachtung, daß Staaten oft nach nur relativen Gewinnen streben, kein bestimmtes Ergebnis für die spieltheoretische

---

247 So auch *Benvenisti*, AJIL 90 (1996), S. 384 (393).

248 Vgl. dazu *Eidenmüller*, Effizienz als Rechtsprinzip, S. 88. Zur Bedeutung der internationalen Reputaton eines Staates in Spielen siehe auch *Putnam* in: *Evans/Jacobson/Putnam*, Double-Edged Diplomacy, S. 431 (440).

249 Dazu siehe *Benvenisti*, AJIL 90 (1996), S. 384 (393) m.w.N.

250 Ebenso *Benvenisti*, AJIL 90 (1996), S. 384 (394) m.w.N.

Analyse von Wassernutzungskonflikten herleiten; folglich werden die bisherigen Schlußfolgerungen hiervon nicht berührt.

3. Zusammenfassung

Somit hat die bisherige Analyse von internationalen Wassernutzungskonflikten ergeben, daß das spieltheoretisch gefundene Modell der Praxis nur teilweise korrespondiert. Das Modell muß also komplettiert werden, um internationale Wassernutzungskonflikte zutreffend abzubilden. So ist zum einen die fehlende zwingende Durchsetzbarkeit in der geltenden Völkerrechtsordnung zu berücksichtigen, die dazu führt, daß teilweise Situationen entstehen, welche einem nicht-kooperativen Spiel entsprechen. Zum anderen müssen aber weitere Faktoren wie z.B. die innenpolitische Situation oder die internationale Reputation eines Staates in die spieltheoretische Betrachtung einbezogen werden. Dieser Ansatz erklärt, daß in der völkerrechtlichen Praxis die Tendenz der Staaten zur Kooperation überwiegt.

II. Die Bedeutung der Spieltheorie für das Prinzip der angemessenen Nutzung

Im folgenden Abschnitt soll untersucht werden, wie das eben gefundene spieltheoretische Ergebnis für das Prinzip der angemessenen Nutzung nutzbar gemacht werden kann und welche Folgerungen sich daraus ergeben. Es geht also um die Frage, welche Konsequenzen die wirtschaftswissenschaftliche Analyse von internationalen Wassernutzungskonflikten für die juristische Betrachtungsweise des Problems mit sich bringt.

1. „Kooperative" Ansätze im Prinzip der angemessenen Nutzung

Nach dem völkerrechtlichen Prinzip der angemessenen Nutzung sollen Wasserverteilungskonflikte dadurch gelöst werden, daß die Nutzungsvorteile an internationalen Binnengewässern gerecht unter den Anliegerstaaten aufgeteilt werden.[251] So heißt es in den „Helsinki Rules"[252] der *ILA* ausdrücklich, daß jeder Staat Anspruch auf einen „reasonable and equitable share" an den aus dem Binnengewässer gezogenen Vorteilen hat.[253] Das Prinzip der angemessenen Nutzung verfolgt somit einen Ansatz, der die Zuteilung von Wassernutzungsrechten an die einzelnen Anlieger vorsieht.

Aus der Spieltheorie ergibt sich eine weitere Möglichkeit, Wasserverteilungsprobleme anzugehen. Nach den oben beschriebenen Spielmodellen ist die für die Konfliktparteien nutzbringendste Strategie, mit den anderen Spielern zu kooperieren. Ein aus wirtschaftswissenschaftlicher Sicht erfolgversprechender Ansatz zur Problemlösung müßte demnach die Zusammenarbeit zwischen den Anliegerstaaten fördern.[254] Zu fragen ist also, in welcher Weise der juristische Lösungsansatz, Nutzungsrechte unter den Staaten aufzuteilen, durch den wirtschaftswissenschaftlichen, d.h. „kooperativen" Ansatz ergänzt werden kann, oder andersherum betrachtet, ob die juristische Problemlösung auch einer nichtjuristischen Sicht des Problems gerecht wird.

Wenn man davon ausgeht, daß eine langfristige Strategie der Zusammenarbeit unter Anliegerstaaten internationaler Binnengewässer den für die Anlieger höchsten Nutzen verspricht, wie dies die auf internationale Wassernutzungskonflikte übertragenen Spielmodelle gezeigt haben, so ist zunächst zu untersuchen, ob das völkergewohnheitsrechtliche Prinzip der angemessenen Nutzung bereits Elemente enthält, die dieser Strategie entsprechen. Sodann wird zu prüfen sein, inwieweit die völkerrechtliche Vertragspraxis und die Rechtsprechung „kooperative" Komponenten aufweisen.

a) „Kooperative" Elemente in den ILA- und ILC-Kodifikationen des Prinzips der angemessenen Nutzung

Das Prinzip der angemessenen Nutzung , wie es in den „Helsinki Rules"[255] kodifiziert wurde, enthält - wie eben gesehen - nur Regeln zur Aufteilung von Wassernutzungsrechten. Zwar werden detailliert bestimmte Faktoren

---

251 Siehe *Schiedermair/Rest* in: HdUR II, Sp. 1131.
252 *ILA*, Reports of the Fifty-second Conference, Helsinki 1966, S. 484 ff.
253 Siehe Artikel IV „Helsinki Rules", a.a.O., S. 486.
254 Zu einem ähnlichen Ergebnis kommen - allerdings aus „regimetheoretischen" Überlegungen - auch *Brunnée/Toope*, AJIL 91 (1997), S. 26 (40 f.).
255 *ILA*, a.a.O.

aufgezählt, nach denen eine solche Aufteilung erfolgen soll[256], aber es gibt in diesem Kontext keine Normen, welche eine konkrete Zusammenarbeit zwischen Anliegerstaaten verlangen und diese dann näher ausgestalten. Allerdings werden die Anliegerstaaten im allgemeinen Schlußkapitel über Streitvermeidung und Streitbeilegung[257] dazu aufgerufen, für das gemeinsame Binnengewässer relevante Informationen an die Nachbarstaaten weiterzugeben[258] und Streitigkeiten mittels Verhandlungen zu lösen[259], wobei sogar konkrete Konfliktlösungsmechanismen wie die Einsetzung von gemeinsamen Ausschüssen vorgeschlagen werden[260]. Diese Regeln über zwischenstaatliche Zusammenarbeit sind aber insofern schwache Instrumente im internationalen Wassernutzungsrecht, als sie ausdrücklich nur empfehlenden Charakter besitzen; als spezieller Teil einer Kodifikation haben sie auch nicht an der völkergewohnheitsrechtlichen Geltung des Prinzips der angemessenen Nutzung teil. Etwas aufschlußreicher hinsichtlich einer zwischenstaatlichen Kooperation ist die Konvention[261] der *International Law Commission* über internationale Wasserläufe, welche eine Pflicht zur Zusammenarbeit bei der gemeinsamen angemessenen Nutzung eines internationalen Binnengewässers festschreibt.[262] Auch in den folgenden Artikeln zum Prinzip der angemessenen Nutzung wird mehrmals auf die zwischenstaatliche Kooperationspflicht hingewiesen.[263] Schließlich werden die Anliegerstaaten ähnlich wie in den „Helsinki Rules" zum Informationsaustausch und zur näher geregelten friedlichen Streitbeilegung aufgerufen.[264] Aber auch die *ILC*-Konvention ist noch kein verbindliches Völkerrecht. Zudem werden darin wie in den „Helsinki Rules" einzelne Kriterien zur Wasserverteilung aufgezählt, ohne jedoch Anreize für eine zwischenstaatliche Kooperation vorzugeben.

Somit enthalten sowohl die „Helsinki Rules" als auch die *ILC*-Konvention nur schwache Anhaltspunkte für eine Pflicht zur Zusammenarbeit der Anliegerstaaten in internationalen Wassernutzungskonflikten. Vielmehr er-

---

256 Siehe Artikel V „Helsinki Rules", a.a.O., S. 488.
257 Kapitel 6 „Helsinki Rules", a.a.O., S. 516 ff.
258 Artikel XXIX „Helsinki Rules", a.a.O., S. 518 f.
259 Artikel XXX „Helsinki Rules", a.a.O., S. 522.
260 Artikel XXXI „Helsinki Rules", a.a.O., S. 524
261 I.L.M. 36 (1997), S. 700 ff.
262 Artikel 5 Abs. 2 Satz 2 der Konvention.
263 Siehe Artikel 6 Abs. 2, Artikel 8.
264 Siehe Artikel 9, Artikel 11 ff., Artikel 33 und den Anhang der Konvention.

schöpfen sie sich im wesentlichen in Regelungen zur Verteilung von Wassernutzungsrechten. Zu diesem Zweck werden in den Kodifikationen detailliert verschiedene Faktoren aufgelistet, die jedoch keine konkreten Anreize für eine gedeihliche Zusammenarbeit unter den Anliegern enthalten, sondern nur einzelne sehr spezielle Kriterien einer möglichen Wasseraufteilung betreffen. Wie die Zusammenarbeit unter den Konfliktparteien überhaupt erst ermöglicht und näher ausgestaltet werden soll, bleibt offen.

Nach dem spieltheoretisch gefundenen Modell kann ein solcher Ansatz aber nicht funktionieren, da der Anreiz zur Nicht-Kooperation wegen der damit verbundenen - kurzfristigen - Vorteile relativ hoch ist. Allerdings hat die Komplettierung des spieltheoretischen Modells auch gezeigt, daß Staaten doch zur Kooperation tendieren, wenn zusätzliche Anreize wie z.B. in unendlich wiederholten Spielen geschaffen werden. Da der „kooperative" Ansatz der wirtschaftswissenschaftlichen Spieltheorie kaum Ausprägung in den genannten Kodifikationen zum völkerrechtlichen Prinzip der angemessenen Nutzung gefunden hat, ist zu prüfen, ob nicht im sonstigen Völkergewohnheitsrecht zur Nutzung internationaler Binnengewässer „kooperative" Elemente enthalten sind, welche die zwischenstaatliche Zusammenarbeit fördern. Sodann wird auf die völkerrechtliche Praxis in Verträgen und Rechtsprechung einzugehen sein.

b) „Kooperative" Elemente im sonstigen Völkergewohnheitsrecht zur Nutzung internationaler Binnengewässer

Neben den eben erläuterten Ansätzen für eine völkerrechtliche Informationspflicht bzw. eine weitergehende Konsultationspflicht in den genannten Kodifikationen könnten im Völkergewohnheitsrecht zu Wasserverteilungskonflikten weitere Anhaltspunkte zu finden sein, die für eine Pflicht zur zwischenstaatlichen Kooperation herangezogen werden können.

Im Umweltvölkerrecht findet das "Prinzip der guten Nachbarschaft" häufig Anwendung. Danach haben benachbarte Staaten auf die gegenseitigen Interessen Rücksicht zu nehmen.[265] Dieses Prinzip findet sich u.a. in der Präambel und in Artikel 74 der Charta der Vereinten Nationen sowie in der Präambel der "Friendly-Relations"-Deklaration[266] der UN-Generalversammlung und wird heute weitgehend als Völkergewohnheitsrecht oder als allgemeiner Rechts-

---

265 Siehe *Heintschel von Heinegg* in: *Ipsen*, Völkerrecht, § 55 Rdnr. 28.
266 GA Resolution 2625 (XXV) vom 24.10.1970.

grundsatz anerkannt.[267] Zwar ist zuzugeben, daß dieser Grundsatz einen generellen, wenig konkreten Charakter hat.[268] Dennoch kann sich daraus eine Pflicht ergeben, potentiell betroffene Nachbarstaaten z.B. über grenzüberschreitende Umweltbelastungen rechtzeitig zu informieren.[269] Eine solche Pflicht läßt sich bereits in einer Vielzahl internationaler Verträge nachweisen.[270] Zudem fand sie in internationale Erklärungen Eingang, so z.B. in die "Principles concerning Transfrontier Pollution"[271] der *OECD*, in die "Shared-Resources"-Deklaration[272] des *United Nations Environment Programme* (*UNEP*) und in die "Rio Declaration on Environment and Development"[273] der UN-Konferenz über Umwelt und Entwicklung. Wenngleich letztere nur empfehlenden Charakter besitzen, so wird doch heute aus der allgemein befolgten Vertragspraxis eine Rechtsüberzeugung der Staaten hergeleitet, so daß die Informationspflichten zum geltenden Völkergewohnheitsrecht im Sinne des Artikel 38 Abs. 1 lit. b des Statuts des *Internationalen Gerichtshofs* zu zählen sind.[274]

Jedoch bedeutet Information lediglich die einseitige Weitergabe von Wissen an einen anderen.[275] Zu fragen ist daher, ob neben Informationspflichten im

---

267 Siehe *Verdross/Simma*, Völkerrecht, § 1025 m.w.N.; *Heintschel von Heinegg* in: *Ipsen*, Völkerrecht, § 55 Rdnr. 28; *Beyerlin* in: *Bothe/Prieur/Ress*, Rechtsfragen, S. 293 (294); *Rogalla*, NuR 1987, 193 (197).

268 So *Heintschel von Heinegg* in: *Ipsen*, Völkerrecht, § 55 Rdnr. 28.

269 So z.B. *Constantin*, RevREI 1986, S. 145 (159).

270 Vgl. nur die Nachweise bei: *Dahm/Delbrück/Wolfrum*, Völkerrecht I/1, § 70 III 2a; *Heintschel von Heinegg* in: *Ipsen*, Völkerrecht, § 55 Rdnr. 32; *Constantin*, RevREI 1986, S. 145 (152 ff.).

271 Recommendation of the Council on Principles concerning Transfrontier Pollution, 14.11.1974, Title E, OECD Doc. C (74) 224, abgedruckt in: ILM 14 (1975), S. 242 (246).

272 Draft Principles of Conduct in the Field of the Environment for the Guidance of States in the Conservation and Harmonious Utilization of Natural Resources Shared by two or more States, 07.02.1978, Prinzip 5, abgedruckt in: ILM 17 (1978), S. 1091 (1098).

273 I.L.M. 36 (1997), S. 700 ff.

274 So: *Verdross/Simma*, Völkerrecht, § 1031; *Dahm/Delbrück/Wolfrum*, Völkerrecht I/1, § 70 III 2a; *Oppermann* in: HdUR I, Sp. 690; *Bothe* in: Umweltrecht in Mittel- und Osteuropa, S. 151 (159 f.); *Hohmann*, Präventive Rechtspflichten, S. 109, 255 m.w.N.; *Rauschning* in: *FS Schlochauer*, S. 557 (573); *Rogalla*, NuR 1987, 193 (197); *Zehetner* in: *Bothe/Prieur/Ress*, Rechtsfragen, S. 43 (52); *Beyerlin* in: *FS Doehring*, S. 37 (56); *Vogelsang*, UPR 1992, 419 (423); a.A.: *Heintschel von Heinegg* in: *Ipsen*, Völkerrecht, § 55 Rdnr. 32; *ders.* in: Umwelt und Recht, S. 110 (123 f.); kritisch auch *Graf Vitzthum* in: *ders.*, Völkerrecht, 5. Abschn. Rdnr. 158.

275 Vgl. *Storm* in: *Bothe/Prieur/Ress*, Rechtsfragen, S. 279 (282).

Umweltvölkerrecht auch das Bestehen von Konsultationspflichten nachgewiesen werden kann. Konsultationspflichten setzen das Bestehen von Informationspflichten insofern voraus, als Konsultation einen beratenden Dialog auf der Grundlage von bereitgestellten Informationen bedeutet.[276] Bislang wurden Konsultationspflichten vor allem für das Prinzip der angemessenen Nutzung im internationalen Wasserrecht diskutiert.[277] Bereits 1957 hatte das Schiedsgericht im Lac Lanoux-Fall auf die Pflicht der Staaten hingewiesen, bei der Nutzung internationaler Binnengewässer untereinander in Verhandlungen zu treten.[278] Auch das *Institut de Droit International* schrieb in Artikel 6 der Salzburger Resolution über die Nutzung nichtmaritimer internationaler Gewässer von 1961 eine solche Verhandlungspflicht fest.[279] Interessant ist ebenso, daß bereits das Übereinkommen über den Schutz der Meeresumwelt des Ostseegebiets[280] von 1974 in Artikel 18 Abs. 1 eine (allerdings nicht rechtsverbindliche) Empfehlung zu Verhandlungen an die Staaten aussprach. Schließlich geht die *Völkerrechtskommission* der Vereinten Nationen von der Existenz der Pflicht zu Konsultationen aus, so z.B. in ihrer Konvention über internationale Wasserläufe[281] von 1997 und im siebenten Bericht des Special Rapporteur *Julio Barboza* über "International Liability for Injurious Consequences Arising out of Acts not Prohibited by International Law"[282]. Letzterer ist sogar der Ansicht, daß Konsultationspflichten auch über den Bereich des internationalen Wasserrechts hinaus bestehen. Jedenfalls ist die Konsultationspflicht innerhalb des Anwendungsbereichs des Prinzips der angemessenen Nutzung als Völkergewohnheitsrecht oder als allgemeiner Rechtsgrundsatz unumstritten[283]; in Anbetracht der

---

276 Siehe *Constantin*, RevREI 1986, S. 145 (148); *Kirgis*, Prior Consultation, S. 11; *Storm* in: *Bothe/Prieur/Ress*, Rechtsfragen, S. 279 (282 f.).

277 Dazu ausführlich: *Bourne*, CanYbIL X (1972), S. 212 ff.

278 R.I.A.A. XII, S. 281 (307 ff.).

279 Resolution vom 11.09.1961, Artikel 6, Annuaire de l'Institut de Droit International 49 II (1961), S. 381 (383).

280 BGBl. 1979 II, S. 1230 (1237).

281 I.L.M. 36 (1997), S. 700 ff.

282 UN Doc. A/CN.4/437 vom 16.04.1991, S. 17 f.

283 Siehe: *Heintschel von Heinegg* in: *Ipsen*, Völkerrecht, § 53 Rdnr. 8, § 55 Rdnr. 36; *Verdross/Simma*, Völkerrecht, § 1028; *Dahm/Delbrück/Wolfrum*, Völkerrecht I/1, § 70 III 2b; *Bourne*, CanYbIL X (1972), S. 212 (233); *Hohmann*, Präventive Rechtspflichten, S. 255; *Rauschning* in: *FS Schlochauer*, S. 557 (569); *Dicke* in: Umweltschutz in beiden

weitreichenden Staatenpraxis in Europa[284] wird man zumindest dort von (regionalem) Völkergewohnheitsrecht ausgehen müssen.[285]
Schließlich bleibt auf Artikel 33 Abs. 1 der UN-Charta hinzuweisen. Auf letzterem basieren wiederum die „Musterregeln der Vereinten Nationen für Vergleichsverfahren bei Streitigkeiten zwischen Staaten"[286] von 1995, welche auf eine friedliche Streitbeilegung nach Treu und Glauben abzielen.

Als Ergebnis ist somit festzuhalten, daß das Völkergewohnheitsrecht zur Nutzung internationaler Binnengewässer heute zwar unumstritten sowohl eine Informations- als auch eine Konsultationspflicht enthält. Diese Pflichten sind jedoch sehr vage gehalten und geben wenig konkrete Anhaltspunkte zur Zusammenarbeit der Anliegerstaaten. Nichtsdestoweniger bilden diese Anhaltspunkte aber „kooperative" Elemente im Anwendungsbereich des Prinzips der angemessenen Nutzung und entsprechen somit dem Ergebnis, welches die Übertragung von Spielmodellen auf internationale Wasserverteilungsprobleme ergeben hat. Insbesondere tritt in diesen Pflichten wieder die wichtige Verfahrens-Komponente des Prinzips der angemessenen Nutzung zutage.

2. „Kooperative" Ansätze in der völkerrechtlichen Praxis

Zu prüfen ist, ob auch in der völkerrechtlichen Vertragspraxis und in der Rechtsprechung zum internationalen Wassernutzungsrecht „kooperative" Elemente zu finden sind, welche der spieltheoretischen Analyse von Wasserverteilungsproblemen entsprechen.

Teilen Deutschlands, S. 105 (121); *Zehetner* in: *Bothe/Prieur/Ress*, Rechtsfragen, S. 43 (53 f.); *Beyerlin* in: *Bothe/Prieur/Ress*, Rechtsfragen, S. 293 (298).

284 Ausführlich nachgewiesen bei: *Kirgis*, Prior Consultation, S. 89 ff.; *Constantin*, RevREI 1986, S. 145 (152 ff.).

285 So sogar die hinsichtlich dieser Pflicht kritische Literatur: *Heintschel von Heinegg* in: Umwelt und Recht, S. 110 (126); *Lang* in: FS Verdross, S. 517 (530).

286 Resolution 50/50 der Generalversammlung v. 11.12.1995, abgedruckt in: VN 1997, S. 190 ff.

a) „Kooperative" Elemente im Völkervertragsrecht

Das Völkervertragsrecht zu internationalen Wassernutzungskonflikten läßt sich wie oben gesehen[287] in vier Gruppen von Vertragstypen einteilen. Jeder dieser Vertragstypen setzt das Prinzip der angemessenen Nutzung in unterschiedlicher Weise in die Praxis um.

Im ersten Typ von Verträgen wird die Wassernutzung nach ganz konkreten Zahlen vorgenommen. Diese Abkommen (wie insbesondere die frühen Verträge zu Wasserkonflikten, d.h. der Indus-, der Nil- und der Columbia-Vertrag 1959 bis 1961) verfolgen somit den „klassischen" Ansatz des Prinzips der angemessenen Nutzung, nämlich die Lösung von Wassernutzungskonflikten mittels Zuteilung von Nutzungsrechten an die einzelnen Anlieger. Der aufgrund der spieltheoretischen Betrachtungsweise von Wasserverteilungsproblemen naheliegende Ansatz, die Zusammenarbeit von Anliegerstaaten zu fördern, wird durch diese erste Art von Verträgen gerade nicht gestärkt. Vielmehr erschöpfen sich die genannten Abkommen fast ausschließlich in der Festlegung konkreter Nutzungsrechte. Damit kann sich zwar jede Vertragspartei auf feste Abmachungen berufen, aber eine weitergehende Zusammenarbeit für über die festgelegte Wasserverteilung hinausgehende Probleme wird nicht vertraglich festgeschrieben. Solche Abkommen erweisen sich also insofern als statisch, als sie die zum Zeitpunkt des Vertragsschlusses existierenden Streitpunkte lösen, eine zukunftsweisende, umfassendere und damit dauerhaftere Regelung des Konflikts aber nicht ermöglichen. Zwar wird z.B. im Indus-Vertrag eine „Ständige Kommission" eingesetzt[288], diese ist aber im wesentlichen auf die reibungslose Abwicklung des Vertrages gerichtet und besitzt keine darüber hinausweisenden Befugnisse. Ebenso wird im Nil-Abkommen lediglich technische Zusammenarbeit zwischen Ägypten und dem Sudan vereinbart, während sich die weitergehende Kooperation darin erschöpft, gegen eventuelle Ansprüche dritter Anlieger eine einheitliche Haltung einzunehmen.[289] Der erste Typ von internationalen Wasserverträgen entspricht somit der „klassischen" juristischen Betrachtungsweise von derartigen Konflikten und enthält nur rudimentär „kooperative" Elemente, wie sie der wirtschaftswissenschaftlichen Betrachtungsweise ent-

---

287 Siehe oben S. 32 ff.
288 Siehe Artikel VIII des Vertrages, UNTS 419, S. 125 (146 ff.).
289 Siehe Artikel 4 und 5 des Abkommens, UNTS 453, S. 51 (70 ff.).

sprächen.²⁹⁰ Allerdings beruhen die Verträge natürlich insofern auf einer zwischenstaatlichen Kooperation, als bereits die Verteilung von Wassernutzungsrechten übereinstimmend erfolgen muß. Auch die dann folgende Durchführung des Vertrags erfordert Zusammenarbeit. Jedoch ist diese Zusammenarbeit aus den genannten Gründen nur auf die Einhaltung der Verteilungsquoten gerichtet, ohne eine weiter ausgreifende Kooperation zu ermöglichen. Gerade letzteres ist aber aus spieltheoretischer Sicht erstrebenswert.

Interessanterweise läßt sich die Beobachtung mangelnder „kooperativer" Elemente nur bedingt auf die neueren Abkommen des ersten Typs übertragen. So legen zwar der Ganges-Vertrag und der Paraná-Vertrag von 1977 und 1979 konkrete Zahlen fest, erkennen darüber hinaus aber die Notwendigkeit weitergehender Zusammenarbeit an, ohne diese jedoch näher zu regeln.²⁹¹ Folglich ist immerhin eine leichte Tendenz zu vertraglichen Elementen der Zusammenarbeit zu erkennen.

Einen völlig anderen Ansatz als dieser erste Vertragstyp verfolgen die Abkommen mit „integrierten" Konzepten (wie z.B. der Zambesi-Aktionsplan 1988, das Rio-Plata-Abkommen 1969 oder der Vertrag über Amazonische Zusammenarbeit mit dazugehöriger Erklärung 1978 und 1989). Wie bereits näher ausgeführt enthalten die Abkommen des zweiten Typs über die Regelung von Wasserverteilung und Wassernutzung hinausgehende Bestimmungen und stellen ein umfassendes Konzept zur gemeinsamen Entwicklung i.d.R. eines gesamten Flußbeckens auf. Behandelt werden neben wirtschaftlichen auch kulturelle, ethnologische und archäologische Fragen sowie Aspekte des Umweltschutzes, Fragen von Erziehung und Gesundheit usw. Ergänzt werden diese Bestimmungen durch konkrete Mechanismen der Zusammenarbeit, so z.B. mittels regelmäßiger intergouvernementaler Zusammenkünfte und/oder Einsetzung von gemeinsamen Kommissionen.²⁹² Insbesondere der Zambesi-Aktionsplan zeichnet sich darüber hinaus durch detaillierte Bestimmungen über die praktische Umsetzung des Vertrages, d.h. durch genaue zeitliche, finanzielle und institutionelle Vorgaben, aus. Im Gegensatz zum oben beschriebenen ersten Vertragstyp enthält diese Art von Abkommen somit eine Vielzahl von Elementen, welche die zwischenstaatliche Zusammenarbeit unter den Anliegern ermöglichen und

---

290 Zu dieser Beobachtung siehe aus „regimetheoretischer" Sicht *Brunnée/Toope*, AJIL 91 (1997), S. 26 (40 f.).

291 Siehe Artikel VIII f. des Ganges-Vertrags in der Fassung vom 12.12.1996, I.L.M. 36 (1997), S. 519 ff., und Artikel 5 lit. k Paraná-Vertrag, I.L.M. 19 (1980), S. 615 (617).

292 Siehe z.B. Artikel 2 und 3 des Rio-Plata-Abkommens, UNTS 875, S. 3 (12).

fördern. Zwar betreffen die „kooperativen" Elemente nicht allein Fragen der Wassernutzung; jedoch wird durch diese Verträge - insbesondere auch durch die oftmals enthaltenen verfahrensrechtlichen Bestimmungen - die Zusammenarbeit unter den betroffenen Staaten insgesamt vorangetrieben und das politische Klima verbessert, was auch die Lösung verschiedener Einzelprobleme wie z.b. der Wassernutzung oder des Umweltschutzes erleichtert.[293] Folglich wird der zweite Vertragstyp zur Lösung von Wassernutzungskonflikten deutlich besser als der erste Typ auch einer wirtschaftswissenschaftlichen Betrachtungsweise des Problems gerecht.

In ähnlicher Weise wie die eben genannten Verträge enthalten auch die drei neueren völkerrechtlichen Abkommen eines dritten Typs (der israelisch-jordanischen Friedensvertrag 1994, das israelisch-palästinensische Interim-Abkommen 1995 und der Mekong-Vertrag 1995) „kooperative" Elemente. Auch diese Verträge verfolgen nämlich ein umfassendes Konzept, beinhalten darüber hinaus aber noch konkrete Zahlenvorgaben zur Wassernutzung, wie sie für den erstgenannten Vertragstyp charakteristisch sind. Die hier besprochenen Abkommen fördern durch ihren über die Aufteilung von Wassernutzungsanteilen hinausreichenden Ansatz ebenso wie die Abkommen des zweiten Typs die Zusammenarbeit unter den Anliegern, so z.B. durch die Einsetzung von Komitees u.ä.

Schließlich bietet auch die letzte Gruppe von völkerrechtlichen Abkommen zur Lösung von Wassernutzungkonflikten Mechanismen, welche die Zusammenarbeit unter den Anliegern stärken. Zwar enthalten diese Verträge (so z.B. der „Vertrag zwischen der Republik Österreich einerseits und der Bundesrepublik Deutschland und der Europäischen Wirtschaftsgemeinschaft andererseits über die wasserwirtschaftliche Zusammenarbeit im Einzugsgebiet der Donau" 1987 sowie der „Vertrag zwischen der Bundesrepublik Deutschland und der Tschechischen Republik über die Zusammenarbeit auf dem Gebiet der Wasserwirtschaft an den Grenzgewässern" 1995) keine detaillierten Hinweise zur Umsetzung des Prinzips der angemessenen Nutzung in die zwischenstaatliche Praxis. Sie geben jedoch den Rahmen für die Verwirklichung des Prinzips der angemessenen Nutzung insofern vor, als sie auf die Etablierung eines gutnachbarschaftlichen Verhältnisses in Wasserfragen abzielen und die nähere Ausgestaltung z.B. zu diesem Zweck einzusetzenden Kommissionen überlassen. Insbesondere die oftmals ausführlichen verfahrensrechtlichen Bestimmungen er-

---

293 Vgl. dazu auch *Benvenisti*, AJIL 90 (1996), S. 384 (401).

möglichen eine auf Dauer angelegte, flexible und erfolgversprechende Zusammenarbeit, auch auf verschiedenen Ebenen. So können z.B. Expertengruppen oftmals am besten direkt „vor Ort" die jeweils anfallenden Probleme lösen. Trotz der eher „allgemeinen" Natur dieser Abkommen werden diese also der wirtschaftswissenschaftlichen Betrachtungsweise gerecht, indem sie zwischenstaatliche Kooperation auf vielfältige und vorher nicht konkret festgelegte Art und Weise ermöglichen.

Als Ergebnis ist festzuhalten, daß sich in der völkerrechtlichen Vertragspraxis bereits eine Vielzahl von „kooperativen" Elementen nachweisen läßt. In den „klassischen" frühen Verträge zur Wassernutzung beschränken sich diese Elemente noch auf die Verteilungsquoten. Diese Abkommen sind insofern also noch sehr statisch. Die verschiedenen „Runden" der Kooperation bestanden zum einen in der Aushandlung der Wassernutzungsrechte, zum anderen in der dann folgenden Durchführung der Abkommen. Zukunftsweisende Vorgaben für eine darüber hinausgehende zwischenstaatliche Zusammenarbeit sind nicht zu finden. Im Gegensatz dazu enthalten die „integrierten" Verträge des zweiten Typs insbesondere in den häufig sehr ausführlichen verfahrensrechtlichen Bestimmungen eine Vielzahl von Rahmenvorgaben, innerhalb derer eine Zusammenarbeit auch über den Bereich der reinen Wassernutzung hinaus stattfinden kann. Auch die Abkommen des dritten Typs fördern mit ihrem über die konkrete Wasserverteilung hinausreichenden Ansatz eine weitergehende Kooperation. Schließlich tritt in den Verträgen des vierten Typs wieder die verfahrensrechtliche Seite des Prinzips der angemessenen Nutzung in den Vordergrund, wodurch eine flexible Zusammenarbeit gefördert wird. Während also die frühen Verträge zur Wassernutzung noch kaum Anreize zu einer umfassenden Kooperation boten und einem rein an der Verteilung von Nutzungsanteilen orientierten Ansatz folgten, wurden die nachfolgenden Abkommen zunehmend auf zwischenstaatliche Kooperation ausgerichtet und damit dem gefundenen wirtschaftswissenschaftlichen Konzept angenähert. Zudem stabilisierten die geschlossenen Verträge die Spielwiederholung unter den Anliegern und schufen damit - nach dem Modell eines unendlich wiederholten Spiels - einen weiteren Anreiz zur zwischenstaatlichen Zusammenarbeit.

b) „Kooperative" Elemente in der Rechtsprechung zu internationalen Wassernutzungskonflikten

Zur Lösung internationaler Wassernutzungskonflikte ist bis heute auffallend wenig Rechtsprechung ergangen. So hat der *Staatsgerichtshof für das Deutsche Reich* in einer Streitsache zwischen den Länder Württemberg, Preußen und Baden betreffend die Donauversinkung 1927 festgestellt, daß die Anlieger bei der Nutzung der Donau „aufeinander die durch die Verhältnisse gebotene Rücksicht nehmen" müssen.[294] Ein wenig konkretere Anhaltspunkte für eine zwischenstaatliche Zusammenarbeit enthält der Spruch des Schiedsgerichts im Streitfall des Lac Lanoux zwischen Spanien und Frankreich von 1959. Danach haben Staaten bei gegenläufigen Interessen hinsichtlich der Nutzung eines internationalen Binnengewässers die Pflicht, untereinander nach Treu und Glauben in Kontakt zu treten mit dem Ziel, eine Einigung zu erreichen; diese Verhandlungen müssen eine umfassende Interessenabwägung beinhalten und in gegenseitigem guten Willen geführt werden.[295]

In dieselbe Richtung weist auch das Urteil[296] des *Internationalen Gerichtshofs* vom 25.09.1997 in der Streitigkeit zwischen Ungarn und der Slowakei über das Gabcíkovo-Nagymaros-Projekt. Darin fordert der Gerichtshof die Parteien zu Verhandlungen auf, ohne deren Ergebnis vorzugeben. Die zu findende Lösung soll dem Ziel des Vertrages sowie den Grundsätzen des internationalen Wassernutzungsrecht entsprechen.[297] Dabei wird ausdrücklich auf die *ILC*-Konvention[298] von 1997 Bezug genommen.[299]

Andere berühmte Entscheidungen zum internationalen Wasserrecht wie der „Trail Smelter"- oder der „Gut Dam Claims"-Schiedsspruch[300] sowie die Urteile des Verwaltungsgerichts Straßburg[301] und der Rotterdamer *Arrondisse-*

---

294 RGZ 116, Anhang Nr. 2, S. 18 (31).
295 R.I.A.A. XII, S. 281 (308).
296 I.L.M. 37 (1998), S. 162 ff.
297 Siehe insbesondere Textziffern 139 und 141 des Urteils, a.a.O., S. 162 (200 f.).
298 I.L.M. 36 (1997), S. 700 ff.
299 Siehe Textziffer 147 des Urteils, I.L.M. 37 (1998), S. 162 (201).
300 Siehe R.I.A.A. III, S. 1911 ff., 1938 ff., bzw. I.L.M. 8 (1969), S. 118 ff.
301 Urteil vom 27.07.1983, UPR 1984, S. 174 f.; siehe dazu *Kilian/Pätzold*, UPR 1984, S. 155 ff. sowie *Rest,* Austrian J. Publ. Intl. Law 35 (1985), S. 225 ff.

*mentsrechtsbank*³⁰² im niederländisch-französischen Rheinversalzungsprozeß betrafen dagegen keine Wassernutzungs- und Wasserverteilungskonflikte, sondern Fragen des hier nicht behandelten (grenzüberschreitenden) Umweltschutzes, weisen aber ebenfalls in Richtung zwischenstaatlicher Zusammenarbeit. So konkretisierte das Schiedsgericht im „Trail Smelter-Fall" die Pflichten zu nachbarschaftlicher Rücksichtnahme. Danach hat ein Staat von seinem Territorium ausgehende Luftverschmutzungen mit schädigenden Folgen für einen Nachbarstaat zu unterbinden.³⁰³ Neben konkreten Lösungsvorschlägen forderte das Gericht die Streitparteien USA und Kanada zur einvernehmlichen Festsetzung von Schadensersatzzahlungen auf.³⁰⁴ Auch das Verwaltungsgericht Straßburg und die *Arrondissementsrechtsbank* Rotterdam beriefen sich in ihren Urteilen zur Rheinversalzung u.a. auf die „Trail Smelter"- und „Lac Lanoux"-Entscheidungen. Beziehungen zwischen Staaten seien vom Grundsatz der guten Nachbarschaft und daraus entspringenden, im Einzelfall festzulegenden Rücksichtnahmepflichten geprägt.³⁰⁵ Das *Lake Ontario Claims Tribunal* im „Gut Dam-Fall" erließ mehrere Entscheidungen, der Streit zwischen den USA und Kanada wurde aber schließlich von den Parteien selbst „in guter Nachbarschaft und Freundschaft" einer „interessengerechten Lösung" zugeführt.³⁰⁶

Weiterhin beschäftigte sich der *Internationale Gerichtshof* in einem anderen Urteil, welches jedoch nicht internationale Binnengewässer, sondern den Meeressockel betraf, mit Fragen der Verteilungsgerechtigkeit. Es handelt sich um den Streit zwischen der Bundesrepublik einerseits sowie Dänemark und den Niederlanden andererseits um die Aufteilung des Nordsee-Festlandsockels.³⁰⁷ Auf der Grundlage der Regeln von Gerechtigkeit und gutem Glauben entschied der Gerichtshof, daß die Parteien Verhandlungen mit dem Ziel einer späteren Einigung zu führen hätten.³⁰⁸ Die Gespräche müßten bedeutungsvoll sein und gerechte Prinzipien zur Anwendung bringen.³⁰⁹ Schließlich sei der Grundsatz

---

302 Urteil vom 16.12.1983; dazu *Rest*, UPR 1984, S. 148 ff. sowie *ders.*, Austrian J. Publ. Intl. Law 35 (1985), S. 225 ff.

303 R.I.A.A. III, S. 1938 (1965).

304 R.I.A.A. III, S. 1938 (1966).

305 Siehe oben die Fußnoten 301 und 302.

306 Siehe die gemeinsame Erklärung der Streitparteien in: I.L.M. 8 (1969), S. 118 (140 f.).

307 *I.C.J.* Rep. 1969, S. 3 ff.

308 *I.C.J.* Rep. 1969, S. 3 (46 f.).

309 *I.C.J.* Rep. 1969, S. 3 (47).

der Verhältnismäßigkeit zu berücksichtigen.[310] Das gesamte Urteil wird vom Grundsatz der „equity" bestimmt.[311] Der *IGH* trifft also keine konkrete Zuweisung von Festlandsockel-Anteilen an die Parteien, sondern betont das Prinzip der angemessenen Verteilung („equity"). Auf dieser Basis sollen die Anlieger eine Lösung finden und zusammenarbeiten. Die Entscheidung entspricht somit dem spieltheoretisch gefundenen Modell für internationale Wassernutzungskonflikte: auf der Grundlage einer allgemeinen Regel - der „equity" oder des Prinzips der angemessenen Nutzung - kann eine praktisch erfolgversprechende Zusammenarbeit stattfinden. Konkrete Vorgaben zur Nutzungsaufteilung sind dabei keineswegs vonnöten.

Auch im Streit zwischen dem Vereinten Königreich und Island über Fischereirechte hatte der *IGH* auf eine Verhandlungslösung verwiesen.[312] Schließlich zeigt auch die neuere Rechtsprechung des *IGH* zu Abgrenzungsfragen die zunehmende Bereitschaft von Staaten, bei Nichtzustandekommen einer Verhandlungslösung immerhin insoweit zusammenzuarbeiten, als der Streit einem Gericht zur Entscheidung unterbreitet wird und nicht ungelöst bleiben soll. Als Beispiele seien die *IGH*-Entscheidungen Tunesien/Libyen[313], Burkina Faso/Mali[314] sowie Libyen/Tschad[315] genannt.

Schließlich ist noch darauf hinzuweisen, daß die Rechtsprechung zu internationalen Wassernutzungsstreitigkeiten teilweise Entscheidungen zu innerstaatlichen Wasserstreitigkeiten zitiert. So wies z.B. das „Trail Smelter-Tribunal"[316] auf einige Entscheidungen des Obersten Gerichtshofs der USA hin, welche bereits Grundsätze gutnachbarschaftlicher Beziehungen aufgestellt hatten. Allerdings ist bei der Heranziehung von Urteilen innerstaatlicher Gerichte insofern Vorsicht geboten, als letztere keine Präzedenzfälle für völkerrechtliche Entscheidungen bilden können.[317]

---

310 *I.C.J.* Rep. 1969, S. 3 (52).
311 Siehe insbesondere a.a.O., S. 48 ff.
312 *I.C.J.* Rep. 1974, S. 3 (31 ff.).
313 *I.C.J.* Rep. 1982, S. 18 ff.
314 *I.C.J.* Rep. 1986, S. 554 ff.
315 *I.C.J.* Rep. 1994, S. 6 ff.
316 Siehe oben Fußnote 300.
317 Darauf macht *Berber*, Wassernutzungsrecht, S. 123 ff., aufmerksam.

Der Mangel an Rechtsprechung zu Wassernutzungsstreitigkeiten über internationale Binnengewässer zeigt, daß die Entscheidungsfindung durch einen Dritten in derartigen Konflikten äußerst schwierig ist[318] und Verhandlungen sowie vertragliche Abmachungen die besseren Lösungsmöglichkeiten bieten. Dies liegt zum einen daran, daß Anliegerstaaten bei direkten Verhandlungen viel besser in der Lage sind, ihre jeweiligen Standpunkte untereinander auszutauschen und so schnell zu den wirklich streitigen Fragen vorzudringen. Die Verhandlungen können so effektiver als über einen neutralen Dritten geführt werden. Zum anderen werden durch direkte Gespräche formelle und informelle Kanäle für weitere zwischenstaatliche Kontakte und künftige Formen der Zusammenarbeit geschaffen.[319] Insofern sind unmittelbare Verhandlungen der Anlieger auch erfolgversprechender als nur indirekte Kontakte über Dritte, da durch die Verhandlungen gleichzeitig die Bedingungen der zukünftigen Kooperation verbessert werden.[320] Als Beispiel seien hierfür die Konflikte auf dem nordamerikanischen Kontinent genannt, welche ohne eine Entscheidung durch Dritte gelöst werden konnten. Während die Konflikte um die Nutzung von Columbia River, Skagitt River und Ross Lake durch Abkommen bereinigt wurden, konnten die Streitigkeiten bezüglich des Missouri in der Garrison Diversion sowie bezüglich Colorado und Rio Grande ohne neue Verträge allein durch Verständigung beseitigt werden.[321] Es zeigte sich, daß durch die Nutzung diplomatischer Kanäle sowie die selbstverständliche zwischenstaatliche Zusammenarbeit auf anderen Gebieten diesen Streitigkeiten die Brisanz genommen werden konnte, ohne daß internationale Gerichte zur Entscheidungsfindung angerufen werden mußten.

Es bleibt somit festzuhalten, daß der Mangel an Rechtsprechung zu internationalen Wassernutzungskonflikten einen weiteren Anhaltspunkt für die Richtigkeit des wirtschaftswissenschaftlichen „kooperativen" Ansatzes bietet.

---

318 Zur Schwierigkeit der Entscheidungsfindung durch Dritte im Umweltvölkerrecht: *Schröder* in: *Graf Vitzthum*, Völkerrecht, Rdnr. 66 f.; *Bothe* in: *Wolfrum*, Enforcing Environmental Standards, S. 13 (31 ff.), und *Boisson de Chazournes*, RGDIP 99 (1995), S. 37 (50 ff.).

319 Zu allem siehe *Brunnée/Toope*, AJIL 91 (1997), S. 26 (47); *Benvenisti*, AJIL 90 (1996), S. 384 (400 ff.) m.w.N.

320 Zu einer Vielzahl von innerstaatlichen Beispielen, wie Umweltkonflikte durch Verhandlung unter den Konfliktparteien gelöst werden können, siehe *Knoepfel*, Lösung von Umweltkonflikten durch Verhandlung.

321 Zu diesen Konflikten siehe ausführlicher oben S. 27 ff.

Die Schwierigkeit der Konfliktlösung über entscheidungsbefugte Dritte in Wasserfragen zeigt, daß der „kooperative" Ansatz effektiver und erfolgversprechender ist als internationale Rechtsprechung. Zudem hat Untersuchung der einschlägigen Rechtsprechung ergeben, daß diese häufig bereits insofern „kooperative" Elemente enthält, als sie keine konkrete Entscheidung der jeweiligen Streitigkeit liefert, sondern die Staaten zu Verhandlungen „in gutem Glauben" auffordert. Folglich entspricht diese Rechtsprechung dem spieltheoretisch gefundenen Modell bei internationalen Wassernutzungsstreitigkeiten. Bereits im Jahr 1927 hatte der *Staatsgerichtshof für das Deutsche Reich* in der erwähnten Entscheidung zur Donauversinkung seiner Skepsis bezüglich der Effektivität einer Streitbeilegung durch Dritte Ausdruck verliehen und die Vorteile einer Streitbeilegung durch Verhandlungen beispielhaft dargelegt:

„Denn es erscheint zweifelhaft, ob selbst eine auf Grund umfassender Beweiserhebung ergehende Entscheidung des Staatsgerichtshofs ... den Streitfall wirklich endgültig zu erledigen geeignet wäre. Die durch die Donauversinkung hervorgerufenen Verhältnisse sind so verwickelt ..., daß nur von einer gütlichen Erledigung eine vollständige Bereinigung der Angelegenheit erwartet werden kann. ... Der Staatsgerichtshof erwartet, daß die Streitteile nunmehr in erneute Verhandlungen miteinander treten und versuchen werden, zu einer Einigung zu gelangen, welche die Grundsätze dieser Zwischenentscheidung in die Wirklichkeit umsetzt ..."[322]

3. Zusammenfassung

Die spieltheoretische Betrachtung internationaler Wasserverteilungsprobleme, wonach eine erfolgreiche Lösung zumindest auch über die Förderung zwischenstaatlicher Zusammenarbeit gefunden werden muß, entspricht nur teilweise den juristischen Lösungsansätzen. Insbesondere in den Kodifikationen von *ILA* und *ILC* zum Prinzip der angemessenen Nutzung finden sich nur wenige Bestimmungen, welche zu einer Kooperation unter Anliegern verpflichten. Der Ausgangspunkt liegt vielmehr darin, anhand konkreter Faktoren Nutzungsrechte unter den betroffenen Staaten aufzuteilen und so zu einer angemessenen Lösung zu gelangen. Anreize zur Kooperation werden nur dann geschaffen, wenn man das spieltheoretische Modell insofern komplettiert, als unendlich wiederholte Spiele einbezogen werden. Gerade die zu Wassernutzungskonflikten geschlossenen Verträge stabilisierten eine solche Spielwiederholung und

---

[322] RGZ 116, Anhang Nr. 2, S. 18 (45).

schufen damit Anreize zur zwischenstaatlichen Zusammenarbeit. Zudem hat sich die internationale Vertragspraxis zunehmend von den frühen „klassischen" Abkommen, welche sich auf die Wasserverteilung nach konkreten Quanten beschränkten, hin zu solchen Abkommen entwickelt, welche auch andere Gesichtspunkte mit berücksichtigen und verschiedene Anknüpfungspunkte für eine zukünftige Zusammenarbeit unter den Anliegern bieten.

Zunehmend zeichnet sich in den Verträgen eine dem spieltheoretischen Modell entsprechende Verfahrens-Komponente des Prinzips der angemessenen Nutzung ab. Diese verfahrensrechtliche Seite spiegelt im übrigen einen allgemeinen Trend des modernen Völkerrechts hin zu einem Kooperationsvölkerrecht wider: da ausschließlich materielle Regelungen wie das Prinzip der angemessenen Nutzung nicht immer effektiv umgesetzt werden können, kommen Verfahrensansprüche hinzu oder verwandeln sich Teilhabe- in Verfahrensansprüche.[323] Auch die internationale Rechtsprechung wie die *IGH*-Entscheidungen zum Festlandsockel zwischen der Bundesrepublik, den Niederlanden und Dänemark sowie zum Gabcíkovo-Nagymaros-Projekt verweist auf eine Konfliktlösung durch zwischenstaatliche Verhandlungen. Die juristische Vorgehensweise, wie sie sich in den Kodifikationen des Prinzips der angemessenen Nutzung niederschlägt, wird dagegen einer nicht-juristischen, wirtschaftswissenschaftlichen Sicht des Problems nicht gerecht. Vielmehr zeigte sich, daß die Aufzählung konkreter Faktoren zur Wasserverteilung keinen Anreiz zur zwischenstaatlichen Zusammenarbeit bietet, sondern vielmehr in Gefahr steht, sich in der Regelung von Detailfragen zu erschöpfen. Insofern ist der vage Standard des völkergewohnheitsrechtlichen Prinzips der angemessenen Nutzung, welcher keine konkreten Kriterien aufstellt, geeigneter, die zwischenstaatliche Zusammenarbeit zu fördern, als der Niederschlag dieses Prinzips in den genannten Kodifikationen.[324] Gerade durch die Festlegung nur von „Rahmenbedingungen" werden Anlieger mehr dazu ermuntert, eine im Einzelfall noch auszuhandelnde Kooperation anzustreben, als durch die Vorgabe detaillierter Regelungen, welche durch ihre Regelungsdichte von zwischenstaatlichen Verhandlungen abschrecken.[325]

Der erfolgversprechende „kooperative" Ansatz, welcher sich aus der spieltheoretischen Betrachtung internationaler Wassernutzungsprobleme erge-

---

323 Siehe *Bleckmann*, Allgemeine Staats- und Völkerrechtslehre: vom Kompetenz- zum Kooperationsvölkerrecht, S. 886.

324 So auch *Benvenisti*, AJIL 90 (1996), S. 384 (402 f.); ähnlich aus „regimetheoretischer" Sicht *Brunnée/Toope*, AJIL 91 (1997), S. 26 (49, 53).

325 Dazu *Benvenisti*, AJIL 90 (1996), S. 384 (401 ff.).

ben hat, findet also durchaus seinen Niederschlag sowohl im gewohnheitsrechtlichen Prinzip der angemessenen Nutzung, welches Rahmenbedingungen für die Zusammenarbeit festlegt, als auch in der völkerrechtlichen Vertragspraxis, die zunehmend „kooperative" Elemente aufweist. Lediglich der rein „distributive" Ansatz der *ILA*- und *ILC*-Kodifikationen wird den wirtschaftswissenschaftlichen Erkenntnissen nicht gerecht und sollte durch Anreize zur Kooperation unter den Konfliktparteien ergänzt werden.

III. Das Prinzip der optimalen Nutzung im internationalen Wassernutzungsrecht

Bisher hat die spieltheoretische Analyse internationaler Wassernutzungskonflikte ergeben, daß bei der juristischen Lösung der sich stellenden Probleme mehr Gewicht auf die Förderung zwischenstaatlicher Zusammenarbeit gelegt werden sollte. Diese Feststellung bezieht sich nur auf den Weg, wie ein Ergebnis bei Wasserstreitigkeiten gefunden werden kann, nicht jedoch auf das Ergebnis selbst. Im folgenden soll daher auch das zu findende Ergebnis aus wirtschaftlichem Blickwinkel betrachtet und dem juristischen Ergebnis gegenübergestellt werden. Dabei wird der engere Bereich der Spieltheorie verlassen und auf das Prinzip der optimalen Nutzung - oder teilweise auch das Prinzip der maximalen Nutzung, welches in manchen völkerrechtlichen Texten zu finden ist - eingegangen. Das Prinzip der optimalen Nutzung rührt aus einer wirtschaftlichen Betrachtungsweise her und führt zu anderen Ergebnissen als das Prinzip der angemessenen Nutzung. Während nämlich Juristen nach einer „gerechten" Lösung suchen, trachten Ökonomen eher nach einer „optimalen" Lösung. Zu untersuchen ist daher zunächst der Inhalt des Prinzips der optimalen Nutzung, um sodann auf dessen praktische Auswirkungen anhand der bestehenden völkerrechtlichen Verträge (Frage der Ausgleichszahlungen) und anhand der Diskussion um den Handel mit „property rights" näher einzugehen.

1. Inhalt und Ausprägungen des Prinzips der optimalen Nutzung

Bereits in frühen völkerrechtlichen Dokumenten wie der Salzburger Resolution des *IDI* betreffend die „Utilisation des eaux internationales non maritimes (en dehors de la navigation)"[326] von 1961 finden sich Hinweise auf ein Prinzip optimaler Nutzung, wenn in der Präambel „ein gemeinsames Interesse an der maximalen Nutzung verfügbarer natürlicher Ressourcen" erwähnt wird. Auch die „Helsinki Rules" der *ILA* stellen in der Kommentierung zum Prinzip der angemessenen Nutzung (Artikel IV) fest, daß die Idee der angemessenen Nutzung die Verschaffung des maximalen Ertrags („maximum benefit") aus den Wassernutzungen für jeden Anliegerstaat sei.[327] In einem anderen Zusammenhang, nämlich der UN-Seerechtskonvention[328] von Montego Bay aus 1982, taucht ebenfalls das Ziel der optimalen Nutzung der lebenden Ressourcen in der ausschließlichen Wirtschaftszone auf. Schließlich soll nach Artikel 5 Absatz 1 der *ILC*-Konvention[329] ein internationales Binnengewässer in angemessener und vernünftiger Weise genutzt werden, insbesondere im Hinblick auf optimale und nachhaltige Nutzung und Erträge aus dem Gewässer („with a view to attaining optimal and sustainable utilisation thereof and benefits therefrom").[330] Auch Artikel 8 des Entwurfs verweist auf das Ziel einer optimalen Gewässernutzung.[331]

Hinweise auf das Prinzip der optimalen Nutzung finden sich also wie beim Prinzip der angemessenen Nutzung dort, wo es um die Aufteilung internationaler natürlicher Ressourcen geht. Allerdings fällt auf, daß das Prinzip der optimalen Nutzung in den genannten Dokumenten keineswegs als tragender Grundsatz verankert ist, sondern nur eines von vielen Vertragselementen darstellt und angesichts seiner Allgemeinheit auch mehr als Richtlinie denn als konkrete Handlungsanweisung zu verstehen ist. Sein Inhalt läßt sich nur schwer konkretisieren. Anhand der eben genannten Dokumente läßt sich als Ziel des Prinzips der optimalen Nutzung definieren, daß die Ressourcen so gut wie

---

326 Annuaire de l'Institut de Droit International 49 II (1961), S. 370 ff.

327 *ILA*, Reports of the Fifty-second Conference, Helsinki 1966, S. 484 (487).

328 Siehe Artikel 62 Abs. 1, I.L.M. 21 (1982), S. 1261 ff.

329 I.L.M. 36 (1997), S. 700 ff.

330 Allerdings war die Formulierung von Artikel 5 innerhalb der Kommission durchaus umstritten, da einige Mitglieder, insbesondere *Tomuschat*, eine stärkere Betonung auf eine „nachhaltige" als auf eine „optimale" Nutzung legen wollten (siehe den Sitzungsbericht im Yearbook of the International Law Commission 1994, Vol. I, S. 174 ff.; vgl. dazu auch *McCaffrey/Sinjela*, AJIL 92 [1998], S. 97 [99]). In dem Kommissionsentwurf von 1994 war der Zusatz „sustainable" noch nicht enthalten (siehe Doc. A/49/10, abgedruckt in: Environmental Policy and Law 24/6 (1994), S. 335 ff.).

331 Zu weiteren Ausprägungen des Prinzips der optimalen Nutzung siehe *Hafner*, Austrian J. Publ. Intl. Law 45 (1993), 113 (125 ff.).

möglich von den jeweiligen Anliegern genutzt werden sollen; die Texte stellen dabei die Effizienz der Nutzung deutlich in den Vordergrund. Es geht um eine möglichst gute und somit effiziente Nutzung der Ressource, was einer wirtschaftlichen Betrachtungsweise des Problems entspricht. Wirtschaftswissenschaftlich ausgedrückt soll mit dem Prinzip der optimalen Nutzung ein paretooptimales Ergebnis erzielt werden. Ein pareto-optimales Ergebnis liegt vor, wenn kein Akteur bessergestellt werden kann, ohne daß gleichzeitig ein anderer Akteur schlechter wegkommt.[332] Es geht folglich nicht darum, jedem einen gleichgroßen Anteil zukommen zu lassen und ein „gerechtes" Ergebnis zu erzielen. Vielmehr muß der sogenannte Grenznutzen eines jeden Anliegerstaates gleich sein, d.h. für jeden Staat muß die Zuteilung eines Nutzungsrechts in der gegebenen Situation den gleichen Wert wie für jeden anderen Staat haben; der „Sättigungsgrad" eines jeden Anliegers muß also gleich hoch sein, auch wenn die einzelnen Anlieger jeweils verschiedene Bedürfnisse haben und damit auch absolut gesehen verschieden große Nutzungsanteile zugeteilt bekommen. Pareto-Optimalität ist folglich ein Effizienz- und kein Gerechtigkeitskriterium. Hierin liegt die unterschiedliche Sichtweise nach den Prinzipien der angemessenen und der optimalen Nutzung, wonach einerseits ein „angemessenes" und „gerechtes", andererseits ein „optimales" Ergebnis gefordert wird - was sich aber keineswegs gegenseitig ausschließt -. Beide Ergebnisse dürften sich häufig sogar entsprechen, werden aber je nach dem angewendeten Prinzip nur aus einem anderen Blickwinkel betrachtet.

Schließlich ist noch darauf hinzuweisen, daß das Prinzip der optimalen Nutzung nicht eine „maximale" Ausbeutung von natürlichen Ressourcen fordert, wie dies z.B. aus dem Wortlaut der eben erwähnten Salzburger *IDI*-Resolution[333] von 1961 gefolgert werden könnte. Ein im Sinne dieses Prinzips optimales Ergebnis liegt vielmehr dann vor, wenn für alle Anliegerstaaten der beste Nutzen erzielt und schädliche Auswirkungen minimiert werden.[334]

---

332 Siehe *von Böventer/Illing*, Mikroökonomie, S. 256 f.; *Varian*, Mikroökonomie, S. 226 f.
333 Siehe oben bei Fußnote 326.
334 So Absatz 3 des Kommentars zu Artikel 5 des *ILC*-Entwurfs, Doc. A/49/10, abgedruckt in: Environmental Policy and Law 24/6 (1994), S. 335 (341).

2. Das Prinzip der optimalen Nutzung in der völkerrechtlichen Vertragspraxis und die Bedeutung von Ausgleichszahlungen

Um die Bedeutung des Prinzips der optimalen Nutzung im Vergleich zum Prinzip der angemessenen Nutzung zu beurteilen, muß untersucht werden, welchen Niederschlag das Prinzip der optimalen Nutzung in der völkerrechtlichen Praxis gefunden hat. Insbesondere ist zu klären, ob der optimale Nutzen anhand des Nutzens jedes einzelnen Anliegerstaates zu bestimmen oder ob vielmehr eine Betrachtung des Gesamtnutzens sämtlicher Anlieger erheblich ist. Dieses Problem hat eine große praktische Relevanz und führt zu der Frage, welche Bedeutung der Vereinbarung von Ausgleichszahlungen in völkerrechtlichen Abkommen zukommt. Denn häufig wird es nicht gelingen, in einem Vertrag, der eine insgesamt optimale Lösung bietet, auch den für jeden einzelnen Anlieger optimalen Nutzen zu erreichen. In diesen Fällen besteht die Möglichkeit, mittels Ausgleichszahlungen unterschiedlich hohe Gewinne unter den Anliegern auszugleichen. Schließlich ist zu untersuchen, ob sich neben solchen Zahlungen noch andere Formen des Ausgleichs in der Vertragspraxis herausgebildet haben.

a) Optimaler Nutzen jedes einzelnen oder sämtlicher Anliegerstaaten zusammen?

Der bereits erwähnte Kommentar zu Artikel IV der „Helsinki Rules" geht bei der Bestimmung des maximalen Nutzens eines internationalen Binnengewässers von jedem einzelnen Anliegerstaat aus, ohne den Gesamtnutzen des Gewässers mit in Betracht zu ziehen.[335] Im Gegensatz dazu verweist die *Völkerrechtskommission* der Vereinten Nationen in ihrem Kommentar zu Artikel 5 Absatz 1 der „Draft Articles" von 1994 darauf, daß bei der Bestimmung eine optimalen Gewässernutzung die größtmöglichen Erträge für alle Anliegerstaaten und die bestmögliche Befriedigung aller Interessen maßgeblich sein sollen.[336] Letztere Betrachtungsweise entspricht insofern auch eher der bereits beschriebenen Entwicklung zu einem modernen Kooperationsvölkerrecht, als eine für den einzelnen Anlieger optimale Gewässernutzung ohne Rücksicht auf den Nutzen anderer Staaten kaum praktisch erreichbar sein dürfte. Zudem widerspräche eine Nutzung, die nur auf den Ertrag des einzelnen Staates abstellt, dem

---

335 *ILA*, Reports of the Fifty-second Conference, Helsinki 1966, S. 484 (487).
336 Doc. A/49/10, abgedruckt in: Environmental Policy and Law 24/6 (1994), S. 335 (341).

Prinzip der angemessenen Nutzung, welches gerade einen Interessenausgleich aller Anliegerstaaten herbeiführen soll.[337] Daher sollte beim Prinzip der optimalen Nutzung heute der Gesamtnutzen aller betroffenen Staaten berücksichtigt werden. Ob dies auch in der völkerrechtlichen Praxis der Fall ist, wird noch im folgenden Abschnitt zur Bedeutung von Ausgleichszahlungen im Völkervertragsrecht mit untersucht werden.

b) Völkervertragsrecht und Ausgleichszahlungen

In völkerrechtlichen Verträgen wird es, wie bereits erwähnt, häufig nicht gelingen, sowohl eine insgesamt als auch für jeden einzelnen optimale Lösung zu erreichen. Daher stellt sich bei der praktischen Anwendung des Prinzips der optimalen Nutzung im internationalen Wassernutzungsrecht die Frage, welche Bedeutung der Vereinbarung von Ausgleichszahlungen zukommt. Durch solche Zahlungen können unterschiedlich hohe Gewinne unter den Vertragsparteien ausgeglichen und damit Staaten sowohl zum Abschluß als auch zur Einhaltung von Verträgen motiviert werden.

(1) Europa

Die Betrachtung des Prinzips der optimalen Nutzung in der völkerrechtlichen Vertragspraxis soll mit zwei bedeutsamen Verträgen aus dem Umweltvölkerrecht begonnen werden, nämlich mit der „Vereinbarung über die Internationale Kommission zum Schutze des Rheins gegen Verunreinigungen"[338] von 1963 und dem bereits erwähnten „Übereinkommen zum Schutz des Rheins gegen Verunreinigung durch Chloride"[339] von 1976. Wenngleich Abkommen zum Umweltvölkerrecht hier bisher weitgehend außer Betracht blieben, da sie eigenen Normen und Grundsätzen unterliegen und sich von Verträgen zur Wassernutzung unterscheiden, so bieten sie doch für die wirtschaftliche Ausgestaltung von Verträgen zu internationalen Binnengewässern insofern interessante Aufschlüsse, als die Verteilung von Aufnahmekapazitäten für Flußeinleitungen auch Nutzungsverteilung ist.

---

337 Im Ergebnis ebenso *Hafner*, Austrian J. Publ. Intl. Law 45 (1993), 113 (132 f.).
338 BGBl. 1965 II, S. 1433 ff. (Zusatzvereinbarung vom 03.12.1976, BGBl. 1979 II, S. 87) = UNTS 994, S. 3 ff.
339 BGBl. 1978 II, S. 1065 ff.

Zunächst kann der Präambel und Artikel 2 der Vereinbarung über die Rhein-Schutz-Kommission entommen werden, daß der Vertrag dem Gesamtnutzen aller Vertragsparteien zu dienen bestimmt ist. Dort ist jeweils von der Verunreinigung des Rheins und von zu treffenden Schutzmaßnahmen die Rede, die auf den Fluß insgesamt und damit auch auf den Nutzen aller abzielen. Die aufgrund des Abkommens entstehenden Kosten werden auf die Bundesrepublik, Frankreich und die Niederlande zu je 24,5%, auf die EG zu 13%, auf die Schweiz zu 12% und auf Luxemburg zu 1,5% verteilt.[340] Diese Verteilung entspricht in etwa dem Nutzen, den die einzelnen Parteien aus der Vereinbarung ziehen können. So hat die Schweiz als Oberliegerstaat einen vergleichsweise geringen Nutzen aus der Vereinbarung, da die anderen Vertragspartner ihr auch ohne Abkommen kaum Schaden zufügen bzw. die Wassernutzung der Schweiz beschränken könnten. Insofern ist ihr geringerer Beitrag gegenüber den anderen großen Anliegerstaaten Bundesrepublik, Frankreich und Niederlande gerechtfertigt. Ausgleichszahlungen unter den Vertragspartnern sind somit keine vereinbart, wenngleich schon in dem am Nutzen orientierten Kostenschlüssel eine Art Ausgleich erblickt werden kann, welcher die Beziehungen der Anlieger untereinander stabilisiert.

Ein anderes Bild bietet das Rhein-Chlorid-Abkommen von 1976. Hierfür tragen die Bundesrepublik und Frankreich je 30%, die Niederlande 34% und die Schweiz 6% der anfallenden Kosten.[341] Die gleiche finanzielle Lastenverteilung findet sich im Zusatzprotokoll[342] von 1991. Auffällig an dieser Verteilung ist der hohe Beitrag der Niederlande zu den Kosten. Die finanzielle Regelung erstaunt um so mehr, wenn man sich vor Augen führt, daß die französischen staatseigenen „Mines de Potasse d'Alsace" zu 40% die Versalzung des Rheins durch Chloride verursachten.[343] Erklärbar wird dieses Mißverhältnis durch die Tatsache, daß die Niederlande in besonders hohem Maß von der Versalzung des Rheins betroffen waren: große Teile der im niederländischen Polderland gelegenen land- und gartenwirtschaftlichen Betriebe sind durch das hereindrückende Meerwasser darauf angewiesen, mit Frischwasser aus den Binnengewässern versorgt zu werden; durch die zunehmende Verunreinigung des Rheins wurde aber die Frischwasserversorgung immer mehr gefährdet.[344] Somit waren die

---

340 Siehe Artikel 12 Abs. 2 der Vereinbarung.
341 Siehe Artikel 7 Abs. 2 des Übereinkommens, a.a.O.
342 Siehe Artikel 4 des Zusatzprotokolls, BGBl. 1994 II, S. 1303 ff.
343 Siehe *Kamminga* in: *Zacklin/Caflish*, International Rivers and Lakes, S. 371 (374).
344 Siehe hierzu *Lammers*, Pollution of International Watercourses, S. 171 f.

Niederlande ganz besonders an dem Zustandekommen des Vertrages interessiert und insofern auch zur Tragung einer hohen Kostenlast bereit.[345] Nach dem völkerrechtlichen „polluter pays principle"[346] hätten die Niederlande aber jedenfalls einen deutlich niedrigeren Beitrag als Deutschland und insbesondere Frankreich zu dem Abkommen zahlen müssen.[347] Zudem haben die Niederlande nach dem Prinzip der angemessenen Nutzung auch ohne Ausgleichszahlungen einen Anspruch auf kooperatives Verhalten der Mitanlieger. Rein juristisch betrachtet ist die finanzielle Regelung im Rhein-Chlorid-Abkommen also nicht „angemessen" oder „gerecht". Dagegen macht der Vertrag wirtschaftlich betrachtet durchaus Sinn. Die Partei, welche am meisten von den getroffenen Bestimmungen profitiert, muß auch am meisten bezahlen, um die anderen Anlieger zum Vertragsschluß zu bewegen. Folglich liegt hier ein Fall von Ausgleichszahlungen in der völkerrechtlichen Praxis vor. Dadurch kann einerseits auf den Gesamtnutzen aller Anlieger abgestellt werden, ohne andererseits den Nutzen des einzelnen Anliegers zu vernachlässigen.

Ausgleichszahlungen sind auch in der französisch-italienischen „Convention relative à l'alimentation en eau de la commune de Menton"[348] von 1967 festgelegt, in der die Versorgung der französischen Kommune Menton mit Wasser aus dem italienischen Roya vereinbart wird. Dabei ist die fast ausschließliche Finanzierung durch die französische Seite vorgesehen[349], obwohl die notwendigen Anlagen hauptsächlich auf italienischem Territorium entstanden. Grund für diese Kostenverteilung war, daß Frankreich das erheblich größere Interesse an einem solchen Abkommen besaß und durch die Zahlungen also Italien zu diesem Abschluß bewegt werden sollte. Auch im Zusatzprotokoll[350] zum Inari-Übereinkommen von 1959 wurde vereinbart, daß die Sowjetunion sowohl für durch das Projekt entstehende Schäden als auch für die auf finnischem Territorium zu leistenden Arbeiten Zahlungen leisten sollte. Interessant an dieser Bestimmung ist, daß diese Zahlungen damit sowohl Ausgleichszah-

---

345 Dazu auch *Reinicke*, Die angemessene Nutzung gemeinsamer Naturgüter, S. 48 f.
346 Dazu *Nollkaemper*, Transboundary Water Pollution, S. 79 ff. m.w.N.
347 Ebenso *Bernauer/Moser* in: *Gehring/Oberthür*, Internationale Umweltregime, S. 147 (152 f.); *Sand* in: *A.D.I.*, La Politique de l'Environnement, S. 75 (108); *Lammers*, Pollution of International Watercourses, S. 184; *Kamminga* in: *Zacklin/Caflish*, International Rivers and Lakes, S. 371 (374 Fußnote 13).
348 UNTS 940, S. 197 ff.
349 Siehe Artikel 6 Abs. 1 der Konvention.
350 UNTS 346, S. 209 ff.

lungen als auch Schadensersatzleistungen darstellen, ohne daß zwischen beiden getrennt wird (vereinbart ist die Zahlung einer pauschalen Summe).[351]

Im Gegensatz hierzu wurde die Kostentragungspflicht im ungarisch-tschechoslowakischen Gabcíkovo-Nagymaros-Vertrag[352] von 1977 gleichmäßig unter den Vertragspartnern aufgeteilt.[353] Dies ist insofern folgerichtig, als nach Artikel 9 des Abkommens auch der Nutzen aus den geplanten Anlagen in gleicher Weise auf die Vertragspartner entfällt und - wie bereits oben gesehen[354] - nicht das Prinzip der optimalen Nutzung, sondern das Prinzip der angemessenen Nutzung bei Vertragsabschluß leitend war. Wirtschaftlich betrachtet hätte die damalige Tschechoslowakei Ausgleichszahlungen an Ungarn leisten müssen, da sie schon seit langem auf den Bau eines gemeinsamen Staustufensystems gedrängt hatte, während Ungarn dem Projekt eher skeptisch gegenüberstand.[355] Im Vertrag dagegen verpflichtete sich Ungarn sogar zur teilweisen Kostenübernahme von auf tschechoslowakischem Territorium entstehenden Anlagen.[356] Allerdings ist angesichts der Tatsache, daß der Vertrag später einseitig von Ungarn gekündigt wurde und der daraus resultierende Streit vom *Internationalen Gerichtshof* in Den Haag entschieden werden mußte[357], zu fragen, ob die Parteien nicht doch mit einer mehr der wirtschaftlichen Betrachtungsweise entsprechenden Verhandlungstaktik zu einer erfolgreicheren Vertragsdurchführung gekommen wären. Insbesondere hätte Ungarn möglicherweise durch den Erhalt von Ausgleichszahlungen zu einem Festhalten am Vertrag bewegt werden können. Da jedoch noch eine Vielzahl anderer Faktoren wie der Umweltschutz und massive Widerstände in der Bevölkerung Anlaß für den Streit gegeben hatten[358], läßt sich hierüber keine genaue Aussage machen.

Ein weiterer Vertrag die Donau betreffend, der „Vertrag zwischen der Republik Österreich einerseits und der Bundesrepublik Deutschland und der

---

351 Zur Schadensersatz-Funktion von Ausgleichszahlungen siehe *Bush* in: *Zacklin/Caflish*, International Rivers and Lakes, S. 309 ff.
352 UNTS 1109, S. 212 ff. = I.L.M. 32 (1995), S. 1247 ff.
353 Siehe Artikel 5 Abs. 1 des Vertrages.
354 Siehe unter B.I.1.
355 Dazu siehe *Vida*, UTR 15 (1991), S. 313 (315 f.).
356 Siehe Artikel 5 Abs. 5 lit. b des Vertrages, a.a.O.
357 Siehe oben Fußnote 296.
358 Dazu ausführlich *Vida*, UTR 15 (1991), S. 313 (318 ff.).

Europäischen Wirtschaftsgemeinschaft andererseits über die wasserwirtschaftliche Zusammenarbeit im Einzugsgebiet der Donau"[359] von 1987, gibt keinen Aufschluß über die Vereinbarung von Ausgleichszahlungen, da mangels anderer Bestimmungen jede Partei ihre eigenen Kosten trägt.[360] In dem „Übereinkommen über die Zusammenarbeit zum Schutz und zur verträglichen Nutzung der Donau"[361] vom 29.06.1994 werden die Kosten gleichmäßig auf die Vertragsparteien umgelegt, so daß auch in diesem Übereinkommen keine Ausgleichszahlungen zu finden sind.[362]

Das gleiche gilt für den französisch-deutschen „Vertrag über den Ausbau des Rheins zwischen Kehl/Strassburg und Neuburgweier/Lauterburg"[363] von 1969, in dem die Kosten je zur Hälfte von den Vertragsparteien getragen werden.[364] Allerdings enthält der Vertrag die Pflicht, die Erzeuger elektrischer Energie für mögliche Einnahmeverluste zu entschädigen.[365] Ebenso findet sich im „Übereinkommen über die Regelung von Wasserentnahmen aus dem Bodensee"[366] von 1966 der Hinweis auf die Möglichkeit, die Verletzung wichtiger Interessen eines Anliegerstaates „durch zumutbare Ausgleichsmaßnahmen oder Entschädigungen" abzuwenden oder auszugleichen.[367] Beide Regelungen entsprechen aber einer Schadensersatzleistung für erlittene Schäden und nicht im vorhinein vereinbarten Ausgleichszahlungen, durch die vertragliche Vorteile unter den Parteien ausgeglichen werden sollen. Die Bestimmungen weisen wiederum auf die verfahrensrechtliche Seite des Prinzips der angemessenen Nutzung hin. Sie erleichtern die praktische Durchführbarkeit der Abkommen und erhöhen damit wie Ausgleichszahlungen deren Erfolgsaussichten. Eine echte Ausgleichszahlung enthält dagegen die Zusatzvereinbarung[368] von 1975 zum

---

359 BGBl. 1990 II, S. 791 ff.

360 Eine unerhebliche Ausnahme ist lediglich in Artikel 4 Abs. 2 des Statuts der gemeinsamen Gewässerkommission enthalten, a.a.O.

361 Bundestags-Drucksache 13/1884 vom 29.06.1995 (Übereinkommen noch nicht in Kraft).

362 Siehe Artikel 11 Absätze 5 und 6 der Anlage IV (Statut der Internationalen Kommission für den Schutz der Donau) des Übereinkommens.

363 UNTS 760, S. 305 ff.

364 Siehe Artikel 3 bis 6 und 14 des Vertrags, a.a.O., sowie die ähnlich lautenden Bestimmungen der Zusatzvereinbarung von 1975, UNTS 1025, S. 392 ff.

365 Siehe Artikel 8 sowie Artikel 4 Abs. 9.

366 BGBl. 1967 II, S. 2314 f.

367 Siehe Artikel 3 Abs. 1 des Übereinkommens.

368 UNTS 1025, S. 392 ff.

Rhein-Vertrag von 1969. Sollten sich nämlich durch die Neuregelungen Vorteile für die Bundesrepublik ergeben, soll nach Artikel 8 Absatz 1 ein Ausgleich geleistet werden.

Eine geradezu mustergültige Bestimmung für die jeweils zu tragende Kostenlast findet man im „Vertrag zwischen der Bundesrepublik Deutschland und der Tschechischen Republik über die Zusammenarbeit auf dem Gebiet der Wasserwirtschaft an den Grenzgewässern"[369] von 1995. Danach hat jede Vertragspartei für die Kosten aufzukommen, die jeweils ihren Interessen zu dienen bestimmt sind, und zwar unabhängig davon, auf welchem Staatsgebiet die zu finanzierenden Maßnahmen stattfinden.[370] Eine solche Kostentragungsregel ist insofern mustergültig, als sie die gerechteste Kostenverteilung darstellt, die ein auf die Nutzung von Wasser gerichteter Vertrag enthalten kann. Sie ist auch wirtschaftswissenschaftlich betrachtet pareto-optimal, weil eine andere Kostenverteilung zwar eine Vertragspartei begünstigen, die andere jedoch schlechterstellen würde. Da die Kostenfreistellung jedes Anliegers dem ihm „entgehenden" und dem der anderen Seite zukommenden Nutzen entspricht, erhält jede Partei den von ihr erwünschten Vorteil. Sie kann also bestimmten Maßnahmen der Vertragsdurchführung zustimmen und zwischen Kostenbeteiligung oder Nutzziehung wählen. Somit ist der Grenznutzen für beide Anlieger gleich und die Kostenteilung pareto-optimal.[371] Die mögliche Vereinbarung von Ausgleichszahlungen wird überflüssig, da jede Partei nur mit den Kosten belastet wird, die für sie einen Nutzen mit sich bringen. In diesem Fall sind zudem das wirtschaftlich „effiziente" und das juristisch „gerechte" Ergebnis identisch, da die Kostenteilung für beide Parteien sowohl wirtschaftlich optimal als auch juristisch angemessen und richtig ist.

In den „Übereinkommen zum Schutz der Flüsse Maas und Schelde"[372] vom 26.04.1994 zwischen den drei belgischen Regionen, Frankreich und den Niederlanden wird zunächst bestimmt, daß sowohl das Interesse jeder einzelnen Vertragspartei als auch das übergreifende gemeinsame Interesse an den Binnengewässern Beachtung finden sollen.[373] Aus dieser Bestimmung kann abge-

---

369 BGBl. 1997 II, S. 925 ff.
370 Siehe Artikel 7 Absätze 1 bis 3 des Vertrags.
371 Zur Pareto-Optimalität siehe oben S. 75.
372 I.L.M. 34 (1995), S. 854 ff., 859 ff.
373 Siehe Artikel 2 Abs. 1 der jeweiligen Abkommen.

leitet werden, daß das Gesamtinteresse vorrangig berücksichtigt werden muß, um bei einer möglichen Inkongruenz der Einzelinteressen zu einer Lösung zu finden. Bezüglich der Kostenverteilung gelangt man zu einem ähnlichen Ergebnis wie bei der Vereinbarung über die Rhein-Schutz-Kommission. Die Aufteilung entspricht nämlich in etwa dem Nutzen, den die einzelnen Vertragsparteien aus dem Abkommen ziehen. Während Frankreich als Oberlieger der Maas nur einen vergleichsweise niedrigen Beitrag zahlt, müssen die Niederlande als Unterlieger mehr als doppelt so hohe Beiträge entrichten. Die Hauptlast tragen die drei belgischen Regionen. Ebenso zahlen im Schelde-Abkommen die Regionen des Hauptanliegerstaats Belgien mehr als die Hälfte der Kosten. Zu erstaunen vermag nur der Umstand, daß die Region „Hauptstadt Brüssel" in beiden Abkommen einen Beitrag entrichtet, obwohl sie nicht Anlieger der Maas ist und nur im weiteren Einzugsgebiet der Schelde liegt. Zu vermuten sind hierfür politische Gründe dergestalt, daß Belgien insgesamt an einer Regelung dieser für das Land wichtigen Binnengewässer interessiert war und daher auch Brüssel zu diesen Abkommen beitragen wollte. Folglich beinhaltet diese Kostenverteilung Ausgleichszahlungen, durch welche die anderen Anlieger zum Abschluß bewegt werden sollten. Zudem ist Brüssel selbst an sauberem Trinkwasser aus beiden Einzugsgebieten interessiert, da es seinen großen Wasserbedarf aus beiden Gebieten decken muß.[374] In diesem Zusammenhang ist aber darauf hinzuweisen, daß Belgien nach dem Prinzip der angemessenen Nutzung von den anderen Anliegern eine Zusammenarbeit verlangen könnte, auch ohne dafür Zahlungen zu leisten.

Dagegen enthält die „Vereinbarung über die Internationale Kommission zum Schutz der Elbe"[375] von 1990 zwischen der Bundesrepublik, der damaligen Tschechischen und Slowakischen Föderativen Republik und der damaligen EWG keine Regelung über Ausgleichzahlungen. Vielmehr werden die eigenen Kosten von den Vertragsparteien selbst getragen und die anderen Kosten zu etwa zwei Drittel/ein Drittel zwischen Deutschland und der CSFR geteilt.[376] Dieses Verhältnis entspricht fast genau der Größe des auf den jeweiligen Territorien gelegenen Elbe-Einzugsgebiets.[377] Das gleiche gilt für den „Vertrag über die

---

374 Siehe *Gosseries*, European Environmental Law Review 4 (1995), S. 9 (10).
375 BGBl. 1992 II, S. 943 ff.
376 Siehe Artikel 14 Absätze 1 und 2 der Vereinbarung (die EWG trägt 2,5% der Kosten).
377 Siehe das „Aktionsprogramm Elbe", *Internationale Kommission zum Schutz der Elbe*, Magdeburg 15.11.1995, Anlage 1.

Internationale Kommission zum Schutz der Oder"[378] zwischen Deutschland, Polen, der Tschechischen Republik und der Europäischen Gemeinschaft von 1996.

Für die europäische Vertragspraxis läßt sich somit feststellen, daß Ausgleichszahlungen konkret nur im Rhein-Chlorid-Abkommen, der Menton-Konvention, der Zusatzvereinbarung zum Rhein-Vertrag sowie in den Maas- und Schelde-Abkommen vereinbart wurden, während sich im Bodensee-Übereinkommen immerhin der Hinweis auf die abstrakte Möglichkeit von Ausgleichsmaßnahmen findet. Den erstgenannten Abkommen - von der Zusatzvereinbarung abgesehen - gemeinsam ist der Umstand, daß jeweils eine Vertragspartei besonderes Interesse am Vertragsabschluß hatte und daher bereit war, Ausgleichzahlungen an weniger interessierte Anlieger vorzunehmen. Dafür zog die zahlende Partei aber den größten Nutzen aus dem Abkommen, womit die Zahlungen auch wirtschaftlich sinnvoll wurden.

Ansonsten orientieren sich völkerrechtliche Verträge zur Wassernutzung mehr am juristischen Prinzip der angemessenen Nutzung, womit auch eine angemessene, d.h. an den jeweiligen Anteilen der Anlieger am Binnengewässer orientierte Kostenteilung einhergeht. Das Prinzip der optimalen Nutzung hat noch wenig Niederschlag in die untersuchten Verträge gefunden. Soweit dies aber der Fall ist, gehen die Verträge vom Gesamtnutzen und nicht vom Nutzen der jeweiligen Anlieger aus, so z.B. die Vereinbarung über die Rhein-Schutz-Kommission oder die Maas- und Schelde-Abkommen. Interessant ist schließlich die Tatsache, daß das am Prinzip der angemessenen Nutzung ausgerichtete Gabcíkovo-Nagymaros-Abkommen, für welches wegen des hohen Interesses Ungarns die Vereinbarung von Ausgleichszahlungen nahegelegen hätte, nicht einvernehmlich durchgeführt werden konnte und schließlich durch den *IGH* verhandelt werden mußte. Dies zeigt, daß bei unterschiedlich hohen Interessen an einem Vertrag eine rein juristisch angemessene, also etwa gleichgewichtete Kostenaufteilung nicht immer die beste Lösung darstellt, sondern die wirtschaftliche Betrachtungsweise zu besseren Ergebnissen führen kann.

Allerdings hat sich auch ergeben, daß ein juristisch „gerechtes" und wirtschaftlich „effizientes" Ergebnis sich durchaus decken können, wie z.B. die an den jeweiligen Interessen ausgerichtete Kostenverteilung im deutschtschechischen Grenzgewässer-Vertrag von 1995 zeigt. Andere Beispiele wie das Rhein-Chlorid-Abkommen belegen, daß dem Prinzip der optimalen Nutzung korrespondierende Ausgleichszahlungen zwar nicht einer rein juristisch am

---

378 Noch nicht veröffentlicht.

Prinzip der angemessenen Nutzung orientierten Lösung entsprechen. Solche Abkommen sind aber durchaus den unterschiedlich hohen Interessen der Anlieger am Vertragsschluß und -durchführung „angemessen". Sie widersprechen auch nicht der Gerechtigkeit. Vielmehr zeigen solche Verträge, daß die juristische Betrachtungsweise auch Effizienzgesichtspunkte und die praktische Durchführbarkeit einbeziehen muß. Insbesondere die verfahrensrechtliche Seite des Prinzips der angemessenen Nutzung bietet hierfür gute Ansatzpunkte. Denn durch Verfahrensmechanismen können die Vorgehensweise bei der Vertragsdurchführung koordiniert und mögliche Interessendivergenzen frühzeitig erkannt und beseitigt werden. Somit wirken Ausgleichszahlungen und die Verfahrens-Komponente des Prinzips der angemessenen Nutzung gleich: beide dienen dazu, die praktischen Erfolgsaussichten von zwischenstaatlichen Abkommen zu verbessern.

(2) Naher Osten und Asien

Der Friedensvertrag zwischen Israel und dem Haschemitischen Königreich Jordanien[379] vom 26.10.1994 entspricht insofern dem Prinzip der optimalen Nutzung, als nach Artikel 6 durch regionale Zusammenarbeit die Erschließung von Wasserressourcen und die Eindämmung der Wasserverschwendung die Nutzung des Jordans erhöht werden soll. Die Regelung über die Wasserentnahmequanten nach Anlage II ergibt eine in etwa gleichgewichtige Teilung; Ausgleichszahlungen sind keine vereinbart.

Im „Israeli-Palestinian Interim Agreement on the West Bank and the Gaza Strip"[380] vom 28.09.1995 könnte man in der jährlichen Zurverfügungstellung von zusätzlich 28,6 Millionen Kubikmetern Wasser an die Palästinenser[381] eine Art Ausgleichszahlung Israels für den Frieden erblicken. Das Abkommen ist jedoch so umfangreich und behandelt eine derartige Vielzahl unterschiedlichster Fragen, daß eine Kosten-Nutzen-Analyse anhand eines einzelnen Aspekts, nämlich der Wasserverteilung, kaum sinnvoll sein kann.

---

379 I.L.M. 34 (1995), S. 43 ff.
380 I.L.M. 36 (1997), S. 551 ff.
381 Annex III zum Abkommen: „Protocol Concerning Civil Affairs", Appendix 1, Artikel 40 Abs. 7.

Der Mekong-Vertrag[382] zwischen Kambodscha, Laos, Thailand und Vietnam aus dem Jahr 1995 enthält als eines der wenigen völkerrechtlichen Abkommen zu internationalen Binnengewässern einen ausdrücklichen Hinweis auf das Prinzip der optimalen Nutzung, wenn als Ziel des Vertrags ein „optimaler Nutzen des Wassers" angestrebt wird.[383] Da in diesem Zusammenhang mehrfach auf den Konsens der Vertragsparteien und die gemeinsam aufzustellenden Nutzungsregeln abgehoben wird, ist unter optimalem Nutzen auch hier der Gesamtnutzen und nicht der bestmögliche Nutzen jedes einzelnen Anliegers zu verstehen. Allerdings sind trotz dieses wirtschaftlichen Anhaltspunkts im Vertrag keine Ausgleichszahlungen vorgesehen, sondern die Partner tragen „auf einer gleichen Grundlage" die Beiträge zum Budget.[384]

Ebenso weist der indisch-nepalesische Mahakali-Vertrag[385] von 1996 auf das Prinzip der optimalen Nutzung hin, wenn als Ziel der „maximale Gesamt-Netto-Ertrag" aus der Wassernutzung angestrebt wird.[386] Des weiteren sind zwar im Vertrag Ausgleichszahlungen nicht explizit vereinbart, jedoch enthält der Vertrag ein System verschiedener Bestimmungen, welche dem Zweck von Ausgleichszahlungen entsprechen. So ist beispielsweise bestimmt, daß die Projektkosten für einen Staudamm nach dem jeweiligen Nutzen zwischen Indien und Nepal geteilt werden, zudem aber ein Teil des nepalesischen Anteils an der gewonnenen Energie nach Indien verkauft werden soll.[387] Da Indien den Vertrag u.a. wegen des hohen Energiebedarfs seiner nordöstlichen Bundesstaaten abschloß[388], ist anzunehmen, daß als Anreiz für Nepal ein eher hoher Preis zwischen den Parteien festgesetzt wird. Nepal wiederum stellt in Artikel 2 des Vertrages einen Teil seines Territoriums für den Bau eines Staudamms durch Indien zur Verfügung. Dafür werden Nepal eine ausreichende Wasserzufuhr und bestimmte kostenfreie Energielieferungen zugesagt.[389]

Auch der schon ältere Indus-Vertrag[390] zwischen Indien und Pakistan aus dem Jahr 1960 enthält Hinweise auf das Prinzip der optimalen Nutzung. So

---

382 I.L.M. 34 (1995), S. 864 ff.
383 Kapitel II Absatz 2 des Abkommens.
384 Artikel 14 des Abkommens.
385 I.L.M. 36 (1997), S. 531 ff.
386 Siehe Artikel 3 Abs. 1 des Vertrages.
387 Siehe Artikel 3 Absätze 3 und 4 des Vertrages.
388 Siehe Berichte in *The Statesman* v. 18.02.1996 und *The Hindustan Times* v. 15.02.1996.
389 Siehe Artikel 2 Absätze 2 und 3 des Vertrages.
390 UNTS 419, S. 125 ff.

wird in der Präambel eine möglichst umfassende und zufriedenstellende („satisfactory", nach der französischen Übersetzung sogar noch deutlicher: „efficace") Nutzung des Indus-Systems angestrebt, womit ein Effektivitätskriterium Eingang in den Vertrag findet. Zudem erkennen beide Anlieger die Notwendigkeit einer „optimalen Entwicklung der Gewässer" durch Kooperation an, womit wieder auf den Gesamtnutzen abgestellt wird.[391] Schließlich findet sich in dem Abkommen eine frühe ausdrückliche Vereinbarung von Ausgleichszahlungen: Da durch die Vornahme bestimmter Bauarbeiten seitens Pakistans erreicht werden sollte, daß bisher aus Indien gespeiste Bewässerungskanäle in Pakistan nun mit pakistanischem Wasser versorgt würden, erklärte Indien sich zur Übernahme eines Teils der Kosten für diese Arbeiten bereit.[392] Damit finanzierte Indien Anlagen auf dem Territorium Pakistans, um dafür letzteres überhaupt zu diesen Arbeiten zu bewegen und um von eigenen bisherigen Lasten befreit zu werden. Für Pakistan dagegen wäre es wirtschaftlich nicht sinnvoll gewesen, Arbeiten durchzuführen, die hauptsächlich Indien zugute kommen, ohne eine entsprechende Gegenleistung dafür zu erhalten. Somit wurden unterschiedlich hohe Gewinne aus dem Abkommen zwischen den Anliegern ausgeglichen.

Schließlich findet sich auch im „Vertrag über die Teilung des Ganges-Wassers"[393] zwischen Indien und Bangladesch von 1977 der Hinweis auf die „optimale Nutzung der Wasserressourcen", ebenso wie in den bereits genannten Verträgen, im systematischen Zusammenhang mit dem Gesamtnutzen aus dem Gewässer.[394]

In der völkerrechtlichen Vertragspraxis im Nahen Osten und in Asien gibt es somit nur ein Abkommen, nämlich den Indus-Vertrag, in welchem explizit Ausgleichszahlungen vereinbart wurden. Der Mahakali-Vertrag beinhaltet ein System von Regelungen, welche einer Vereinbarung von Ausgleichszahlungen sehr nahe kommen. Allerdings ist in mehreren Abkommen das Prinzip der optimalen Nutzung enthalten, so z.B. im Mekong- oder im Ganges-Vertrag, wobei auch hier wieder - wie in der europäischen Praxis - der insgesamt von allen Anliegern zu ziehende Nutzen in den Vordergrund gestellt wird. In keinem dieser Abkommen lassen sich Anhaltspunkte dafür finden, daß die Einbeziehung wirt-

---

391 Siehe Artikel VII des Vertrags.
392 Artikel V Abs. 1 des Vertrags.
393 UNTS 1066, S. 3 ff. = I.L.M. 17 (1978), S. 103 ff., erneuert zuletzt am 12.12.1996 (I.L.M. 36 [1997], S. 519 ff.
394 Siehe den dritten Erwägungsgrund des Abkommens.

schaftlicher Kriterien dem Prinzip der angemessenen Nutzung widerspräche. Die wirtschaftliche und die juristische Betrachtungsweise beleuchten vielmehr häufig dasselbe Ergebnis nur von unterschiedlichen Seiten.

(3) Afrika

Das ägyptisch-sudanesische Nil-Abkommen[395] von 1959 enthält bereits in seinem Titel sowie in der Präambel einen Hinweis auf das Prinzip der optimalen Nutzung. Dort ist jeweils von der „vollen Nutzung" des Nilwassers die Rede. Daß damit ein „optimaler" (im Sinne von möglichst effektiver) Nutzen gemeint ist, ergibt sich aus den anderen Bestimmungen des Vertrages, in denen eine Steigerung des Wasserertrages und eine nicht mehr nur teilweise Nutzung des Wassers angestrebt wird.[396] Ägypten verpflichtet sich nach Artikel 2 Absatz 6 des Abkommens zu einer Kompensationszahlung an den Sudan für die letzterem durch den Assuan-Staudamm entstehenden Schäden. Diese Regelung fällt insofern auf, als an anderen Stellen im Vertrag stets eine den Interessen der Anlieger entsprechende, in der Regel hälftige Kostenteilung vereinbart ist.[397] Im Gegenzug erklärt sich der Sudan mit der Zurverfügungstellung eines „Wasserkredits" an Ägypten einverstanden, um den Vertrag zunächst in Vollzug zu setzen.[398] Insbesondere durch die Vereinbarung einer Geldzahlung Ägyptens wurde in dem Abkommen versucht, mögliche Vorteile eines Anliegers, die mit entsprechenden Nachteilen des anderen Anliegers verbunden waren, durch Gegenleistungen auszugleichen. An diesem Beispiel zeigt sich auch, daß Ausgleichszahlungen teilweise der Leistung von Schadensersatz unter den Anliegern nahekommen[399], da Ägypten eine Zahlungsverpflichtung für im Sudan entstehende Schäden übernahm. Allerdings unterscheiden sich diese Zahlungen von einem echten Schadensersatz dadurch, daß diese schon vor Entstehen der Schäden vereinbart wurden und der Geschädigte also von vornherein gegen eine Geldzahlung in die vorhergesehene Schädigung einwilligte.

---

395 UNTS 453, S. 51 ff.
396 Siehe den ersten und dritten Erwägungsgrund der Präambel sowie Artikel 3 Abs. 1 des Abkommens.
397 Siehe z.B. Artikel 3 Abs. 1 und Abs. 2.
398 Siehe Annex 1 des Abkommens.
399 Dazu siehe *Bush* in: *Zacklin/Caflish*, International Rivers and Lakes, S. 309 ff.

Ein anderes afrikanisches Abkommen, nämlich der Vertrag über den Kagera[400] von 1977 enthält dagegen keine Vereinbarungen über Ausgleichszahlungen. Vielmehr entspricht die Tragung der Kostenlast in etwa den Interessen der verschiedenen Anlieger und deren Anteil am Einzugsgebiet des Kagera.[401] Auch im namibisch-südafrikanischen „Abkommen über die Errichtung einer ständigen Wasser-Kommission"[402] vom 14.09.1992 lassen sich keine Regelungen über Ausgleichszahlungen finden.[403]

Das gleiche gilt für das Abkommen über den „Action Plan for the Environmentally Sound Management of the Common Zambesi River System"[404] vom 28.05.1987. Die finanziellen Lasten werden darin gleichmäßig unter den Anliegern aufgeteilt.[405] Im übrigen sprechen das im Zambesi-Aktionsplan enthaltene integrierte Flußbecken-Konzept[406] sowie viele Hinweise im Abkommen gegen das - im wesentlichen an der Effizienz ausgerichtete[407] - Prinzip der optimalen Nutzung. Vielmehr soll der Zambesi unter Berücksichtigung möglichst aller mit dem Fluß zusammenhängenden Belange nachhaltig, d.h. schonend und auf langfristigen Nutzen angelegt, entwickelt werden.[408] Dabei steht nicht die möglichst effektive Wassernutzung im Vordergrund.

Dagegen bildet der Vertrag zwischen der Republik Südafrika und Lesotho über das „Lesotho Highlands Water Project" von 1986 ein Beispiel für die detaillierte Vereinbarung hoher Ausgleichszahlungen.[409] Für die Umleitung von Wasser aus Lesotho in die Gegend um Johannesburg sowie die Verwirklichung verschiedener Tunnel und Staudämme im Rahmen dieses riesigen Bauprojekts zahlt Südafrika eine hohe monatliche Geldsumme an Lesotho. Dazu kommt noch der für die Nutzung des bezogenen Wassers zu entrichtende Preis. Angesichts der Tatsache, daß die Wasserreserven im südafrikanischen Ballungsgebiet in etwa dreißig Jahren erschöpft sein dürften[410], war das Interesse Südafri-

---

400 UNTS 1089, S. 165 ff.
401 Siehe Artikel 15 des Vertrages.
402 I.L.M. 32 (1993), S. 1147 ff.
403 Zur Kostenlast siehe Artikel 4 des Abkommens.
404 I.L.M. 27 (1988), S. 1109 ff.
405 Siehe Anhang III des Aktionsplans sowie Anhang II des Abkommens.
406 Teil II B § 24 des Aktionsplans.
407 Siehe oben S. 74 ff.
408 Siehe nur Anhang 1 (A. ZACPRO 6) des Aktionsplans.
409 Zu dem Vertrag siehe *Wallis*, Lesotho Highlands Water Project.
410 Siehe *von Lucius, FAZ* v. 18.03.1996, S. 12.

kas an einer Kooperation mit dem wasserreicheren Lesotho hoch. So läßt sich auch die hohe Ausgleichszahlung erklären, die sich unter Berücksichtigung der anderen vertraglichen Zahlungsverpflichtungen auf immerhin 4-5% des Bruttosozialprodukts Lesothos beläuft.[411]

Schließlich sei noch auf die Konvention über die „Lake Victoria Fisheries Organization"[412] zwischen Kenia, Uganda und Tansania vom 30.06.1994 hingewiesen, welche als Ziel u.a. die optimale Nutzung der Ressourcen des Victoriasees nennt.[413]

Auch in der afrikanischen Vertragspraxis zum internationalen Wassernutzungsrecht hat das Prinzip der optimalen Nutzung also kaum Niederschlag gefunden. Jedoch sind sowohl im Nil-Vertrag als auch im Lesotho-Highlands-Projekt bedeutende Ausgleichszahlungen vereinbart worden, die große praktische Bedeutung haben.

(4) Lateinamerika

In der lateinamerikanischen Vertragspraxis ist der „Treaty for Amazonian Cooperation"[414] von 1978 samt der als Anhang zu diesem Abkommen verabschiedeten „Amazon Declaration"[415] aus dem Jahr 1989 von der bereits oben beschriebenen Ambivalenz geprägt. So verweisen die Anlieger einerseits auf das ihnen kraft ihrer Souveränität zustehende Recht zur freien Nutzung ihrer Wasserressourcen.[416] Auf der anderen Seite wird betont, daß ökonomische, soziale und ökologische Belange berücksichtigt werden sollten und daher die Nutzung „vernünftig" („rational") sein und eine „nachhaltige Entwicklung" gewährleisten müsse.[417] Daraus läßt sich zumindest der Schluß ziehen, daß hier nicht das Prinzip der optimalen Nutzung zur Anwendung kommen soll.

Im Gegensatz dazu wird im Paraná-Abkommen[418] zwischen Brasilien, Paraguay und Argentinien von 1979 für den Betrieb des großen Kraftwerks bei

---

411 Siehe *Wallis*, Lesotho Highlands Water Project, S. 37.
412 I.L.M. 36 (1997), S. 667 ff.
413 Siehe Artikel II Abs. 3 lit. a der Konvention.
414 I.L.M. 17 (1978), S. 1045 ff.
415 I.L.M. 28 (1989), S. 1303 ff.
416 Siehe die Präambel und Artikel IV des Abkommens sowie Artikel 4 der Erklärung.
417 Siehe Artikel I, V und XI des Abkommens sowie Artikel 2 der Erklärung.
418 I.L.M. 19 (1980), S. 615 ff.

Itaipú ausdrücklich die „optimale Nutzung, bis hin zum Maximum seiner Kapazität" vorgesehen[419] - ein doch sehr zweifelhafter und wohl einzigartiger Begriff von Optimalität -. Allerdings darf dabei nicht von zahlenmäßig festgeschriebenen Höchstschwankungen des Wasserflusses abgewichen werden. Diese vertraglichen Regelungen beziehen sich jedoch nur auf den Betrieb eines bestimmten Kraftwerks am Paraná, so daß hierin noch nicht eine den gesamten Fluß betreffende Festschreibung des Prinzips der optimalen Nutzung gesehen werden kann. Immerhin wird aber im konkreten und praktisch sehr bedeutsamen Einzelfall diese Prinzip angewendet.

Zwar spricht der brasilianisch-uruguayanische „Treaty on co-operation for the utilization of the natural resources and the development of the Mirim Lagoon Basin" mit anhängendem „Protocol for the utilization of the water resources of the land bordering on the Jaguarão River"[420] von 1977 in seiner Präambel von einer „vollen Nutzung" der natürlichen Ressourcen auf einer gleichen Basis. Aus dem Textzusammenhang und dem sonstigen Vertragsinhalt ergeben sich jedoch keine Hinweise darauf, daß hier auf das Prinzip der optimalen Nutzung Bezug genommen werden sollte.

Auch im bereits 1969 abgeschlossenen Vertrag über das La-Plata-Becken[421] wird in der Präambel auf zwischenstaatliche Zusammenarbeit verwiesen, um die „optimale Nutzung" der natürlichen Ressourcen zu erreichen. Im gleichen Satz jedoch ist - ebenso wie später im Vertragstext - von der Absicht die Rede, diese Ressourcen durch eine „vernünftige Nutzung" für zukünftige Generationen zu erhalten.[422] Das „Uruguay-Statut"[423] zwischen Argentinien und Uruguay von 1975 spricht von „optimal and rational utilization of the River Uruguay"[424]. Insofern kann man in diesen Bestimmungen eine ähnliche Ambivalenz wie schon im Amazonas-Kooperations-Vertrag feststellen. Eine Bekräftigung des Prinzips der optimalen Nutzung kann darin ebensowenig wie in der lateinamerikanischen Vertragspraxis überhaupt gesehen werden.

---

419 Punkt 5 lit. b des Abkommens.
420 UNTS 1097, S. 357 ff.
421 „Treaty of the River Plate Basin", UNTS 875, S. 3 ff.
422 Siehe zweiter Erwägugngsgrund der Präambel sowie Artikel 1 lit. b.
423 UNTS 1295, S. 331 ff.
424 Artikel 1 des Statuts.

(5) Nordamerika

Eine ausdrückliche und besonders detaillierte Regelung von Ausgleichszahlungen findet sich im Columbia-Vertrag[425] zwischen den USA und Kanada von 1961. Das hohe Interesse der Vereinigten Staaten am Abschluß dieses Abkommens zeigt sich an deren Bereitschaft, große Summen für die durch Kanada geleistete Überflutungskontrolle zu zahlen.[426] Sogar für die Wassermenge, welche für diese Zwecke zusätzlich - und für Kanada nicht nutzbringend - gestaut werden muß, erhält Kanada eine Kompensation. Ohne die Zahlungen hätte sich Kanada wohl nicht bereitgefunden, diese Maßnahmen durchzuführen.

Zwischen eben diesen Parteien gibt es ein weiteres Abkommen, in welchem Ausgleichzahlungen vorgesehen sind, nämlich den Vertrag über den Skagit River und Ross Lake sowie das darin enthaltene Abkommen zwischen der Provinz British Columbia und Seattle[427] von 1984. In diesem Fall übernimmt Kanada die Transmissionskosten für die elektrische Energie in die USA als Gegenleistung dafür, daß letztere auf eine für Kanada schädliche Staudammerweiterung verzichten und folglich die Energie nicht direkt „vor Ort" erzeugen.

Ausgleichzahlungen sind folglich in der nordamerikanischen Vertragspraxis zur Nutzung internationaler Binnengewässer nicht unbekannt. Allerdings lassen sich auf diesem Gebiet keine Hinweise auf das Prinzip der optimalen Nutzung finden.

(6) Internationale Dokumente

Die wenigen internationalen Deklarationen und Entwürfe zu Wassernutzungskonflikten, welche zumindest Hinweise auf das Prinzip der optimalen Nutzung enthalten, wurden schon im vorigen Abschnitt[428] zum Inhalt dieses

---

425 UNTS 542, S. 244 ff.
426 Siehe Artikel VI des Vertrages.
427 British Columbia-Seattle Agreement, Annex at 5 in Treaty Relating to the Skagit River and Ross Lake in the State of Washington, and the Seven Mile Reservoir on the Pend d'Oreille River in the Province of British Columbia, 02.04.1984, US Senate Treaty Documents 98-26 (zitiert nach *Kirn/Marts*, Nat.Res.J. 26 [1986], S. 261 [264 Fußnote 12]).
428 Siehe eben unter C.III.1.

Prinzips untersucht, so insbesondere Artikel 5 und 8 der *ILC*-Konvention[429] sowie der Kommentar zu Artikel IV der „Helsinki Rules"[430]. Insgesamt überwiegen aber, auch in den eben genannten Konventionen, bei weitem die Bezugnahmen auf das Prinzip der angemessenen Nutzung.

Immerhin findet sich in Artikel 5 Absatz 2 lit. j der „Helsinki Rules" unter den bei der Bestimmung einer angemessenen Nutzung einschlägigen Faktoren der Hinweis auf eine mögliche Kompensation, um Konflikte zu lösen. Und auch die Salzburger Resolution des *IDI* betreffend die „Utilisation des eaux internationales non maritimes (en dehors de la navigation)"[431] von 1961 hatte für den Fall einer erheblichen Nutzungsbeeinträchtigung eine angemessene Entschädigung verlangt[432], wobei hier aber mehr auf den Schadensersatz als auf eine vorher vereinbarte Ausgleichszahlung abgestellt wurde. Das gleiche gilt für Artikel 7 Absatz 2 lit. b der *ILC*-Konvention, der Kompensation für entstandene Schäden verlangt.

c) Andere Formen des Ausgleichs

Die Untersuchung verschiedener völkerrechtlicher Dokumente auf die Vereinbarung von Ausgleichszahlungen hat ergeben, daß es neben solchen Zahlungen noch andere Formen des Ausgleichs gibt. So erklärte sich Israel 1995 im Interim-Abkommen[433] mit den Palästinensern bereit, diesen eine bestimmte Wassermenge jährlich zur Verfügung zu stellen. Auch der Sudan hatte Ägypten bereits 1959 im Nil-Abkommen[434] einen „Wasserkredit" eingeräumt. Gegenüber der Vereinbarung von Zahlungen zwischen Vertragspartnern spielen solche Formen des Ausgleichs aber zahlenmäßig nur eine untergeordnete Rolle. Allerdings zeigt das israelisch-palästinensische Beispiel, daß diese Formen politisch sehr bedeutsam sein können. Dies hängt sicher auch mit der Symbolwirkung eines „Ausgleichs in Wasser" zusammen, der damit möglicherweise auch mehr als nur eine reine Geldzahlung zur Konfliktlösung beitragen kann.

---

429 I.L.M. 36 (1997), S. 700 ff.
430 *ILA*, Reports of the Fifty-second Conference, Helsinki 1966, S. 484 (487).
431 Annuaire de l'Institut de Droit International 49 II (1961), S. 370 ff.
432 Siehe Artikel 4 der Resolution.
433 I.L.M. 36 (1997), S. 551 ff.
434 Siehe Annex 1 des Abkommens, UNTS 453, S. 51 ff.

d) Zwischenergebnis

Die Frage, ob beim Prinzip der optimalen Nutzung auf den Gesamtnutzen oder auf den Nutzen jedes einzelnen Anliegers abzustellen ist, führt zu dem Ergebnis, daß zwar einige völkerrechtliche Verträge auf den Gesamtnutzen aller Parteien abheben. Die meisten Abkommen enthalten jedoch keine dementsprechenden Bestimmungen, sondern zielen auf einen Interessenausgleich der Anliegerstaaten ab. Dabei kommt es häufig zu einem für die Staaten jeweils verschieden hoch ausfallenden Nutzen. Insofern steht also im Ergebnis doch der Nutzen jedes einzelnen Anliegers im Vordergrund. Allerdings gibt es auch Verträge, welche eine für alle Parteien bestmögliche, effiziente Nutzung internationaler Binnengewässer erreichen; in dieser Situation kann kein Anlieger bessergestellt werden, ohne daß ein anderer daraus Nachteile erlitte. Es liegt dann eine pareto-optimale Situation vor, wie sie z.B. der deutsch-tschechische Grenzgewässervertrag von 1995 vorsieht. Resultieren aus einem Abkommen aber unterschiedlich hohe Vorteile, so bestehen zwei Möglichkeiten. Entweder werden die Vertragskosten anteilig, also z.B. der Größe des jeweiligen Wassereinzugsgebiets entsprechend, unter den Vertragsparteien verteilt. Dies entspricht einer juristischen, am Prinzip der angemessenen Nutzung orientierten Lösung. Oder es werden Ausgleichszahlungen unter den Vertragspartnern vereinbart, welche die weniger interessierte Partei zum Abschluß des Vertrages bewegen und der besonders interessierten Partei die hohen Vorteile aus dem Abkommen sichern sollen.[435] Diese Lösung entspricht insofern einer wirtschaftswissenschaftlichen Betrachtungsweise, als sie für den zahlenden Staat wirtschaftlich sinnvoll ist, obgleich die Zahlung juristisch nicht geboten ist. Denn in der Regel zahlt der Unterliegerstaat für bestimmte Vorteile, welche ihm aus dem Vertrag erwachsen. Nach dem juristischen Prinzip der angemessenen Nutzung aber hätte dieser Anlieger oftmals schon ohne diese Zahlungen Anspruch auf ein kooperatives Verhalten des Oberliegerstaates (als Beispiele seien hier nur das Rhein-Chlorid-Abkommen, der Columbia-Vertrag sowie die Maas- und Schelde-Abkommen genannt).

Allerdings ist festzustellen, daß die eben beschriebenen Lösungsmöglichkeiten zum einen häufig nicht abweichende Ergebnisse herbeiführen, sondern nur unterschiedlichen Betrachtungsweisen entsprechen. Zum anderen hat sich gezeigt, daß die Einbeziehung von Effizienzkriterien in die juristische Betrachtungsweise internationaler Wassernutzungskonflikte von Vorteil ist. Hierfür

---

435 Zur Vereinbarung von Ausgleichszahlungen beim tropischen Regenwald siehe *Amelung*, ZfU 1991, S. 159 ff.

bietet insbesondere die verfahrensrechtliche Seite des Prinzips der angemessenen Nutzung Ansatzpunkte. Folglich erhöhen sowohl die wirtschaftlichen Ausgleichszahlungen als auch die juristischen Verfahrensmechanismen durch ihre kooperationsfördernde Wirkung die praktischen Erfolgsaussichten zwischenstaatlicher Abkommen.

Schließlich bleibt darauf hinzuweisen, daß die Vereinbarung von Ausgleichszahlungen oftmals politisch schwierig ist. Zwar sind solche Zahlungen in den beschriebenen Situationen wirtschaftlich betrachtet sehr attraktiv für den interessierten Anliegerstaat.[436] Allerdings kann er sich durch solche Vereinbarungen auch in politische Abhängigkeiten begeben, wenn er wegen des Vertrages auf eigene Projekte verzichtet, so z.B. auf den Bau von Kraftwerken.[437] Des weiteren dürfte es für einen Staat innenpolitisch oftmals schwer vermittelbar sein, weshalb er Ausgleichszahlungen an andere Staaten leistet, obwohl er - wie eben gesehen - möglicherweise nach dem Prinzip der angemessenen Nutzung einen Anspruch auf ein bestimmtes Verhalten des Zahlungsempfängers hat. Schließlich kann die politische Akzeptanz von Ausgleichszahlungen, z.B. wegen der Gefahr politischer Abhängigkeiten, auch bei den Empfängerländern eingeschränkt sein.[438] Neben der Vereinbarung von Ausgleichszahlungen existieren im übrigen noch weitere Formen des Ausgleichs wie z.B. „Wasserkredite", die aber in der völkerrechtlichen Vertragspraxis nur selten vorkommen.

Letztlich hat die Untersuchung des Prinzips der optimalen Nutzung gezeigt, daß bei unterschiedlich hohen Interessen der Anliegerstaaten am Zustandekommen eines Abkommens die Vereinbarung von Ausgleichszahlungen eher zu Vertragsabschluß und Vertragstreue führt, als dies bei Beachtung allein des Prinzips der angemessenen Nutzung der Fall wäre (als Beispiel für diese These dient die gescheiterte einvernehmliche Durchführung des Gabcíkovo-Nagymaros-Vertrages). Insofern wird die Beobachtung von oben gestützt, daß die aus wirtschaftswissenschaftlicher Sichtweise naheliegende stärkere Verfolgung kooperativer Ansätze einer rein am Prinzip der angemessenen Nutzung orientierten juristischen Lösung internationaler Wassernutzungskonflikte über-

---

436 Siehe *Endres*, ZfU 1995, S. 143 (167).
437 Siehe *Hafner*, Austrian J. Publ. Intl. Law 45 (1993), 113 (136).
438 Siehe *Endres*, ZfU 1995, S. 143 (167 f. Fußnote 33); *Hafner*, Austrian J. Publ. Intl. Law 45 (1993), 113 (136). Zu Ausgleichszahlungen in verschiedene Verhandlungssystemen siehe allgemein: *Scharpf* in: Benz/Scharpf/Zintl, Horizontale Politikverflechtung, S. 65 ff.

legen ist. Letztendlich bilden aber die wirtschaftliche und die juristische Betrachtungsweise häufig nur verschiedene Seiten desselben Resultats.

Als Ergebnis dieses Abschnitts ist des weiteren festzustellen, daß in der völkerrechtlichen Vertragspraxis zu Wassernutzungskonflikten sowie in internationalen Konventionen das Prinzip der angemessenen Nutzung deutlich gegenüber dem Prinzip der optimalen Nutzung überwiegt. Somit bildet das Prinzip der optimalen Nutzung noch kein Völkergewohnheitsrecht.[439] Eine stärkere Einbeziehung kooperativer Elemente in die juristische Lösung internationaler Wassernutzungskonflikte wäre wünschenswert.

3. „Property Rights" im internationalen Wassernutzungsrecht?

Das Prinzip der optimalen Nutzung dient der Erreichung einer aus wirtschaftswissenschaftlicher Sicht „optimalen" Lösung. Ein möglicher Weg, eine solche Lösung zu realisieren, liegt in der Aufstellung diesem Prinzip entsprechender Normen sowie in der Gestaltung der völkerrechtlichen Vertragspraxis gemäß diesen Normen. Dieser Weg wurde soeben anhand internationaler Konventionen und Abkommen zum Wassernutzungsrecht sowie anhand der Vereinbarung von Ausgleichsmechanismen untersucht.

Denkbar ist aber noch ein zweiter Weg, mittels des Prinzips der optimalen Nutzung zu einer möglichst effizienten Nutzung internationaler Binnengewässer zu gelangen. Dieser liegt in einer möglichen Zuteilung sogenannter „property rights", also Eigentums- und damit ausschließlicher Nutzungsrechte z.B. an bestimmten Gewässerabschnitten. Während z.B. nach dem Prinzip der angemessenen Nutzung internationale Binnengewässer als gemeinsam zu nutzende Ressource behandelt werden, würden durch „property rights" Binnengewässer in Anteile staatlicher Eigentumsrechte umgewandelt.[440] Eine ähnliche Zuteilung (privater) Nutzungsrechte gibt es schon im Seevölkerrecht, so z.B. für Rechte am Festlandsockel.[441] Wie grundlegend anders diese Betrachtungsweise ist, zeigt die Tatsache, daß durch die Schaffung von Eigentumsanteilen die Nut-

---

439 Siehe auch *Hafner*, Austrian J. Publ. Intl. Law 45 (1993), 113 (136 f.).

440 Siehe *Benvenisti*, AJIL 90 (1996), S. 384 (395).

441 Dazu siehe *Benvenisti*, AJIL 90 (1996), S. 384 (395) m.w.N. Zur ähnlich gelagerten Diskussion um handelbare Emissionszertifikate im nationalen Recht und im Umweltvölkerrecht siehe *Krumm*, Internationale Umweltpolitik, S. 41 ff., und *Bothe*, NVwZ 1995, S. 937 ff.

zungsrechte selbst verteilt würden, während man nach dem ersten Lösungsweg nur die Ergebnisse unterschiedlicher Nutzziehungen, z.B. mittels Ausgleichzahlungen, kompensierte.[442] Interessanterweise gibt es übrigens im innerstaatlichen Recht zunehmend Tendenzen, Umweltgüter vom Schutzbereich individuellen Eigentums auszunehmen und der Allgemeinheit zuzuordnen.[443] Zu fragen ist hier jedoch, ob der Weg über die Schaffung von „property rights" in internationalen Wassernutzungskonflikten gangbar ist.

Eine erste Voraussetzung für die Schaffung von Eigentumsrechten an internationalen Binnengewässern ist die Entwicklung eines Systems, welches eine genaue Einteilung und Bewertung dieser Rechte erlaubt. Ohne eine Bewertung der Rechte wäre nämlich eine gerechte Zuteilung und der Handel mit ihnen nicht möglich. Von besonderer Bedeutung ist dabei die Erstverteilung der Eigentumsrechte.[444] Nur über einen freien Markt für diese Rechte wiederum ist eine effiziente und damit wirtschaftswissenschaftlich „optimale" Nutzung der Gewässer erreichbar.[445] Allerdings ist eine wirklich objektive Bewertung verschiedener Nutzungsrechte praktisch schwer durchführbar. Zum einen werden Staaten dazu tendieren, ihre eigenen Nutzungen höher als die anderer Anlieger zu bewerten.[446] Zum anderen ist es in der Praxis kaum möglich, die einzelnen Nutzungen der Gewässer so voneinander abzugrenzen und zu überwachen, daß die Nutzung des einen Anliegers nicht ständig den Wert der Nutzung eines anderen Anliegers beeinträchtigt, so z.B. übermäßige Wasserentnahmen eines Oberliegerstaates.[447] Schwer kontrollierbare Wertschwankungen wären die Folge. Somit ist die Frage der objektiven Bewertung von „property rights" mit praktischen Schwierigkeiten verbunden, sofern man nicht die Schaffung eines stark reglementierten Überwachungssystems befürwortete (welches aber im

---

442 Siehe *Hafner*, Austrian J. Publ. Intl. Law 45 (1993), 113 (136).

443 Siehe für Deutschland z.B. § 1a WHG, § 8 BNatSchG und den „Naßauskiesungs-Beschluß" des Bundesverfassungsgerichts (BVerfGE 58, 300 [338 ff.]), sowie zur amerikanischen „public trust doctrine" *Kube*, UTR 36 (1996), S. 77 ff.

444 Dazu siehe ausführlicher *Rehbinder* in: *Endres/Rehbinder/Schwarze*, Umweltzertifikate und Kompensationslösungen, S. 119 ff., sowie *Endres, Schwarze*, ebenda, S. 144 ff.

445 Siehe *Benvenisti*, AJIL 90 (1996), S. 384 (395); ebenso *Hafner*, Austrian J. Publ. Intl. Law 45 (1993), 113 (134 f.). Zur Bedeutung des freien Marktes für eine effektive zwischenstaatliche Zusammenarbeit siehe auch *Durth*, ZfU 1996, S. 183 (187), und *du Bois*, Journal of Environmental Law 6 (1994), S. 73 (76).

446 So *Hafner*, Austrian J. Publ. Intl. Law 45 (1993), 113 (135).

447 Dazu *Benvenisti*, AJIL 90 (1996), S. 384 (396).

heutigen Völkerrecht nicht durchsetzbar ist).[448] Allerdings zeigt das durchaus als Vergleich brauchbare Beispiel des Handels von Umweltzertifikaten im amerikanischen Bundesstaat Kalifornien, daß die beschriebenen Schwierigkeiten überwindbar sind.[449] Dort wurde eine - jährlich sinkende - Gesamtemissionsmenge für Schwefel- und Stickoxyde festgelegt. Sodann wurden je nach den von den kalifornischen Unternehmen in einem Vergleichszeitraum emittierten Schadstoffmengen kostenlos für jeweils ein Jahr gültige Emissionszertifikate ausgeteilt. Unternehmen, welche hohe Reduktionsraten für ihre Schadstoffemissionen erreichen, können somit die von ihnen nicht mehr benötigten Zertifikate an andere, weniger „erfolgreiche" Unternehmen verkaufen. Auch das Montrealer Protokoll zum Schutz der Ozonschicht[450] von 1987 sieht in Artikel 2 Absätze 5 und 5bis vor, daß Staaten unter bestimmten Voraussetzungen „Guthaben", welche sie aus der „überplanmäßigen" Reduktion ihrer FCKW-Produktion oder ihres FCKW-Konsums erlangt haben, untereinander austauschen können.

Das zweite Erfordernis für den Handel der Eigentumsrechte, nämlich die Schaffung eines freien Marktes für solche Rechte, kann ebenfalls anhand des kalifornischen Beispiels erläutert werden. Dort wurde der Markt der Emissionslizenzen weitgehend liberalisiert, so daß auch Privatpersonen oder Umweltgruppen Zertifikate erwerben können. Nach Anlaufschwierigkeiten setzte ein lebhafter Handel mit den Zertifikaten ein. Die Preisbildung am Markt funktioniert also. Allerdings wird die Übertragung der Zertifikate von den lokalen Umweltbehörden noch überwacht und registriert. Diese praktische Erfahrung in Kalifornien zeigt aber, daß auch mit dem Handel in „property rights" eine effiziente Nutzung von internationalen Binnengewässern durch die freien Marktkräfte gesichert werden könnte. Damit wäre eine pareto-optimale Verteilung von Nutzungsrechten zu erreichen. Dennoch ist aber die Gefahr eines Marktversagens nicht zu unterschätzen.[451] Insbesondere dürfte die Überwachung des Marktes insofern wesentlich schwieriger als bei den kalifornischen Umweltzertifikaten sein, als es bei den Nutzungsrechten um einen weltweiten Handel unterschiedlichster Nutzungsrechte von Anliegerstaaten ginge.

---

448 Im Ergebnis ebenso *du Bois*, Journal of Environmental Law 6 (1994), S. 73 (77 f.).
449 Zu diesem Beispiel siehe *Siweris, Blick durch die Wirtschaft* v. 24.01.1996, S. 10.
450 BGBl. 1988 II, S. 1015 ff.; zuletzt geändert am 25.11.1992, BGBl. 1993 II, S. 2183 ff.
451 Zur Frage, inwieweit den Staat eine Garantiepflicht für das Funktioieren dieses Marktes treffen kann, siehe *Blankenagel* in: *Wenz/Issing/Hofmann*, Ökologie, Ökonomie und Jurisprudenz, S. 71 (90 ff.), sowie *Rehbinder* in: *Endres/Rehbinder/Schwarze*, Umweltzertifikate und Kompensationslösungen, S. 119 ff., 126 ff.

Schließlich ist als dritte Bedingung für den Handel mit „property rights" die Bereitschaft der Anliegerstaaten zum freien Handel unerläßlich. Es ist immerhin zweifelhaft, ob Staaten einem freien Handel zustimmen, wenn wichtige nationale Interessen betroffen sein könnten. So mag eine bestimmte Wassernutzung für einen Staat als unabdingbar für das Wohl seiner Bevölkerung angesehen werden oder es stehen politische Schwierigkeiten einem Handel mit einem anderen Staat im Wege.[452] Schließlich bleibt auch die Frage, ob der Handel mit Nutzungsrechten nicht zu einer wenig umweltverträglichen Nutzung internationaler Binnengewässer führen würde, da allein Effizienzgesichtspunkte und Marktbewertungen in den Vordergrund rücken könnten. Denn im Gegensatz zum oben erwähnte Beispiel aus Kalifornien, bei dem die jährlich zulässige Gesamtemissionsmenge stetig reduziert wird, kann diese Logik bei der Verteilung von Nutzungsrechten nicht greifen. Hier geht es vielmehr um eine langfristig sinnvolle Nutzung vorhandener Ressourcen und weniger um eine stetig sinkende Schadstoffbelastung (wenngleich Schadstoffeinleitungen sicherlich eine von vielen möglichen Nutzungen internationaler Binnengewässer darstellen).

Für eine weitere Vertiefung der „property rights"- und Umweltzertifikat-Problematik muß hier auf die einschlägige wirtschaftswissenschaftliche und auch juristische Diskussion zu dieser Thematik verwiesen werden, da die Behandlung der entsprechenden Fragen den Rahmen der vorliegenden Untersuchung sprengen würde.[453]

Die eben angestellten Überlegungen zeigen jedenfalls, daß die Schaffung von „property rights" durchaus einen gangbaren Weg zu einer möglichst effizienten Nutzung internationaler Binnengewässer darstellt. Dabei sind allerdings insbesondere die Erstzuteilung solcher Rechte sowie die Sicherung und Überwachung eines funktionsfähigen Marktes praktisch nicht unproblematisch. Jedoch sind diese Schwierigkeiten durchaus überwindbar, wie das kalifornische Beispiel zeigt. Ob eine solche Lösung auch im internationalen Kontext funktioniert, muß die Praxis noch erweisen. Immerhin ist auch auf der UN-Klimakonferenz 1997 in Kyoto auf Drängen der USA die Möglichkeit eines

---

452 Siehe *Hafner*, Austrian J. Publ. Intl. Law 45 (1993), 113 (135).
453 Siehe ausführlich *Endres/Rehbinder/Schwarze*, Umweltzertifikate und Kompensationslösungen; sowie *Krumm*, Internationale Umweltpolitik, S. 41 ff.; *Bothe*, NVwZ 1995, S. 937 ff.; *Blankenagel* in: *Wenz/Issing/Hofmann*, Ökologie, Ökonomie und Jurisprudenz, S. 71 ff.; *Endres* in: *Wenz/Issing/Hofmann*, a.a.O., S. 57 ff.

Handels mit Emissionsrechten festgelegt worden[454], wobei jedoch die konkrete Ausgestaltung auf die vierte Vertragsstaaten-Konferenz Ende 1998 in Buenos Aires verschoben wurde.[455] Zudem ist die politische Durchsetzbarkeit von handelbaren Umweltzertifikaten zumindest in Deutschland fraglich. Die Einführung von Eigentumsrechten in internationalen Wassernutzungskonflikten ist beim gegenwärtigen Stand des Völkerrechts noch unwahrscheinlicher.[456] Die Schaffung von „property rights" stellt aber zumindest eine Alternative zu den bisher entwickelten Instrumenten zur Lösung von Wassernutzungskonflikten dar.

4. Zusammenfassung

Während Juristen mit dem Prinzip der angemessenen Nutzung nach einer „gerechten" Lösung internationaler Wassernutzungskonflikte suchen, trachten die Ökonomen nach einem „optimalen" Ergebnis. Darunter ist eine möglichst effiziente Nutzung von Binnengewässern zu verstehen, bei der kein Anlieger bessergestellt werden kann, ohne daß ein anderer davon Schaden hat. Eine solche Situation bezeichnet man wirtschaftswissenschaftlich als pareto-optimal. Um zu einem pareto-optimalen Ergebnis zu gelangen, findet das Prinzip der optimalen Nutzung Anwendung, welches im Gegensatz zum Prinzip der angemessenen Nutzung keine Gerechtigkeits-, sondern Effizienzgesichtspunkte in den Vordergrund rückt. Allerdings stellen beide Prinzipien häufig nur verschiedene Sichtweisen auf dasselbe Ergebnis dar. Denn ein wirtschaftlich paretooptimales Ergebnis kann durchaus deckungsgleich mit einer am Prinzip der angemessenen Nutzung orientierten Lösung sein, wie z.B. der deutsch-tschechische Grenzgewässer-Vertrag von 1995 zeigt. In der Praxis hat das Prinzip der optimalen Nutzung in einer Reihe völkerrechtlicher Deklarationen sowie internationaler Verträge zum Wassernutzungsrecht seinen Niederschlag gefunden. Allerdings überwiegt deutlich das Prinzip der angemessenen Nutzung, so daß das Prinzip der optimalen Nutzung noch kein Völkergewohnheitsrecht darstellt. Der Vorteil des letztgenannten Prinzips besteht darin, daß durch

---

454 Siehe den lange diskutierten Artikel 16bis des Kyoto-Protokolls v. 10.12.1997, I.L.M. 37 (1998), S. 22 (40).

455 Siehe *FAZ* v. 12.12.1997, S. 7.

456 Skeptisch hinsichtlich der Einführung von Kompensationen und Umweltlizenzen auf internationaler Ebene auch *Rehbinder* in: *Endres/Rehbinder/Schwarze*, Umweltzertifikate und Kompensationslösungen, S. 246 ff.

die Berücksichtigung wirtschaftlicher Kriterien bei Konfliktlösungen unterschiedliche Interessen der Anlieger zum Ausgleich gebracht werden können. Wird nämlich durch einen Vertrag ein Staat deutlich besser als ein anderer Anlieger gestellt, d.h. zieht ein Staat mehr Vorteile aus dem Vertrag als ein anderer, so können die Vorteile des ersten Staates durch Ausgleichszahlungen kompensiert werden. Andere Formen des Ausgleichs wie z.B. „Wasserkredite" spielen gegenüber solchen Zahlungen in der völkerrechtlichen Vertragspraxis nur eine untergeordnete Rolle. Während in einem solchen Fall der Vertrag juristisch betrachtet nicht „gerecht" ist, da zunächst eine Partei gegenüber einer anderen bevorteilt ist, gelangt man bei einer wirtschaftswissenschaftlichen Betrachtungsweise zu einem anderen Ergebnis, da diese „Ungerechtigkeit" durch die Vereinbarung von Ausgleichszahlungen beseitigt werden kann. Folglich dienen solche Zahlungen dazu, in entsprechenden Situationen Staaten zum Abschluß (und später zur Einhaltung) von Verträgen zu bewegen, die sie ohne die Zahlungen nicht unterzeichnet hätten. Daher ist es unerläßlich, solche wirtschaftlichen Faktoren bei der völkerrechtlichen Lösung internationaler Wassernutzungskonflikte zu berücksichtigen. Hierbei spielt das Prinzip der optimalen Nutzung eine das Prinzip der angemessenen Nutzung ergänzende Rolle. Insbesondere die verfahrensrechtliche Seite des Prinzips der angemessenen Nutzung bietet die Grundlage, Effizienzgesichtspunkte und die praktische Durchführbarkeit bei der Lösung internationaler Wassernutzungskonflikte einzubeziehen. Juristische Verfahrensmechanismen haben folglich ebenso wie wirtschaftliche Ausgleichsmechanismen eine kooperationsfördernde und damit Abschluß und Einhaltung völkerrechtlicher Verträge stabilisierende Wirkung.

Neben diesen Instrumenten stellt die Zuteilung von „property rights" eine weitere Möglichkeit zur Lösung internationaler Wassernutzungskonflikte dar. Die sich bei Einführung und Handel von Eigentumsrechten stellenden Probleme sind durchaus lösbar. Allerdings ist die baldige Einführung von „property rights" beim gegenwärtigen Stand des Völkerrechts wenig wahrscheinlich.

IV. Folgerungen für das Prinzip der angemessenen Nutzung

Die wirtschaftswissenschaftliche Analyse internationaler Wassernutzungskonflikte anhand der Spieltheorie hat gezeigt, daß sich aus der Spieltheorie wichtige Rückschlüsse auf die Lösung solcher Konflikte herleiten lassen. Allerdings muß das gefundene Modell um verschiedene Faktoren ergänzt werden, um die zwischenstaatliche Praxis zutreffend abzubilden. So sind z.B. die fehlende zwingende Durchsetzbarkeit in der gegenwärtigen Völkerrechtsordnung, das Streben nach internationaler Reputation sowie innenpolitische Faktoren zu berücksichtigen. Nach diesem komplettierten Modell ist eine zwischenstaatliche Zusammenarbeit das langfristig für alle Spieler nutzbringendste Verhalten. Insofern entspricht das spieltheoretisch gefundene Ergebnis der ganz überwiegenden völkerrechtlichen Vertragspraxis sowie der Rechtsprechung des *Internationalen Gerichtshofs*, welcher in wichtigen Urteilen die Streitparteien zu Verhandlungen aufrief. Aus der Spieltheorie lassen sich also Erklärungsmuster für das Verhalten von Staaten bei Vertragsabschluß und Vertragsdurchführung ableiten. Der „distributive" Ansatz in den Kodifikationen des Prinzips der angemessenen Nutzung, welcher die Aufteilung von Wassernutzungsrechten anhand konkreter Kriterien ermöglichen soll, wird der wirtschaftswissenschaftlichen Betrachtungsweise nicht gerecht. Erfolgversprechender ist vielmehr ein „kooperativer" Ansatz, wie er in den völkerrechtlichen Verträgen verfolgt wird. Daher muß der Schaffung von Verfahrensregeln zur Zusammenarbeit Vorrang vor einer allgemeinen materiellen Festsetzung von Nutzungsrechten eingeräumt werden. Hierbei kann auf die verfahrensrechtliche Seite des Prinzips der angemessenen Nutzung zurückgegriffen werden.

Für das Prinzip der angemessenen Nutzung ergibt sich aus der wirtschaftswissenschaftlich-spieltheoretischen Analyse, daß bei der Lösung internationaler Wassernutzungskonflikte dieses Prinzip durch weitere Erwägungen ergänzt werden muß. Ansatzpunkte bietet hierfür das Prinzip der optimalen Nutzung, welches als Ziel eine wirtschaftlich effiziente (pareto-optimale) Lösung anstrebt. Das Streben nach einer effizienten Lösung bietet insbesondere in den Fällen Vorteile, in denen Anliegerstaaten ein unterschiedlich hohes Interesse am Zustandekommen eines Vertrages zur Wassernutzung haben. Hier kann durch die Vereinbarung von Ausgleichszahlungen der weniger interessierte Staat zum Vertragsabschluß bewegt werden. In einer rein juristisch am Prinzip der angemessenen Nutzung orientierten Lösung wäre kein Anlieger gehalten, solche Zahlungen für das ihm zustehende Recht auf angemessene Nutzung zu leisten. Die Berücksichtigung des Effizienzgedankens ermöglicht in diesen Fällen aber erst die praktische Umsetzung des Prinzips der angemessenen Nutzung in zwischenstaatliche Zusammenarbeit. Wichtige völkerrechtliche Wassernutzungsverträge (wie der Lesotho-Highlands- oder der Columbia-Vertrag) enthalten solche Vereinbarungen und basieren somit nicht nur auf rein juristischen Erwägungen. Allerdings beleuchten das Prinzip der angemessenen Nutzung und das Prinzip der optimalen Nutzung häufig dasselbe Ergebnis nur aus einem anderen Blickwinkel, widersprechen sich also keineswegs. Auch beinhalten neuere Verträge zu internationalen Wassernutzungsstreitigkeiten zunehmend verfahrensrechtliche Bestimmungen, welche eine kooperationsfördernde und damit die Abkommen stabilisierende Wirkung aufweisen.

Als Ergebnis der wirtschaftswissenschaftlichen Betrachtung internationaler Wassernutzungskonflikte läßt sich weiterhin festhalten, daß das Prinzip der angemessenen Nutzung gerade wegen seiner nur wenig konkreten Vorgaben grundsätzlich tauglich zur Lösung dieser Konflikte ist. Die Tatsache, daß die „Angemessenheit" einer Nutzung nicht generell festgestellt werden kann, sondern in jedem Einzelfall gesondert ermittelt werden muß, ist als Vorteil und nicht als Nachteil des Prinzips zu werten. Es kommt nämlich mehr darauf an, Vorgaben für eine zwischenstaatliche Zusammenarbeit festzuschreiben, als konkrete Kriterien für die Lösung jeden Einzelfalls aufzustellen. Je mehr Anreize zu zwischenstaatlicher Kooperation bestehen, desto größer ist der langfristig zu erwartende Nutzen für alle Beteiligten und damit auch die Erfolgsaussicht eines völkerrechtlichen Vertrags. Das Prinzip der angemessenen Nutzung gibt insofern einen Rahmen vor, innerhalb dessen zwischenstaatliche Verhandlungen geführt werden können. Dabei ist das Prinzip flexibel genug, um den jeweiligen Besonderheiten des Wassernutzungskonflikts Rechnung zu tragen.

Folglich ist auch den Forderungen, das Prinzip der angemessenen Nutzung durch allgemeine Normen weiter zu konkretisieren, eine Absage zu erteilen. Eine solche Konkretisierung, wie sie z.B. in den Kodifikationen von *ILA* und *ILC* erfolgt, kann zwar im Einzelfall nützliche Anhaltspunkte zur Konfliktlösung bieten, ist aber erheblich weniger wichtig als ein Rahmen für Verhandlungslösungen. Daher sollte die Verfahrens-Komponente das Prinzips der angemessenen Nutzung weiter ausgebaut und noch stärkeren Eingang in die völkerrechtliche Praxis finden. Die Entwicklung weiterer Kriterien zur Konkretisierung des Prinzips der angemessenen Nutzung ist dagegen überflüssig. Vielmehr sollte bei Wassernutzungsstreitigkeiten der „distributive" Ansatz dieser Kodifikationen fallengelassen und einem „kooperativen" Ansatz Vorrang eingeräumt werden. Dieser ist für die Praxis deutlich erfolgversprechender und findet bereits in völkerrechtlichen Verträgen seinen Niederschlag.

V. Praktische Umsetzung der Folgerungen

Zu fragen ist, wie das gefundene Ergebnis, daß in Wassernutzungskonflikten mehr Wert auf einen „kooperativen" Ansatz zu legen ist, in die Praxis umgesetzt werden kann.

Hierfür bieten sich internationale oder supranationale Organisationen an, innerhalb derer die Zusammenarbeit geregelt werden könnte. Für internationale Binnengewässer gibt es bereits Organisationen oder zumindest zwischenstaatliche Gremien[457], auf die teilweise schon eingegangen wurde. Diese betreffen neben der Wassernutzung auch die Bereiche Schiffahrt, Umweltschutz u.ä., wobei es stellenweise zu Überschneidungen kommt. So existieren für den Bereich der Schiffahrt die Donau-Kommission nach der Belgrader Konvention[458] von 1948 sowie die Zentralkommission der Mannheimer Revidierten Rheinschiffahrtsakte[459] von 1868. Ziele des Umweltschutzes werden von der Internationalen Kommission zum Schutz der Elbe[460] von 1990 oder der Internationalen Kommission zum Schutze des Rheins gegen Verunreinigung[461] von 1963 verfolgt. Fragen der Wassernutzung behandeln z.B. die österreichisch-deutsch-europäische ständige Gewässerkommission[462] von 1987, das israelisch-palästinensische gemeinsame Wasserkomitee[463] von 1995, der israelisch-jordanische gemeinsame Wasserausschuß[464] von 1994, die Mekong-Kommission[465] von 1995 oder die namibisch-südafrikanische Wasserkommission[466] von 1992. Bei vielen der aufgeführten Gremien handelt es sich nicht um eigenständige internationale Organisationen, sondern um durch Wasserverträge geschaffene Gremien, welche die vertraglich geregelte Zusammenarbeit näher ausgestalten oder in Streitfällen schlichten sollen.

Diese Vereinbarung von verschiedenen Formen der Zusammenarbeit in völkerrechtlichen Verträgen ist der richtige und erfolgversprechende Weg zur Lösung internationaler Wassernutzungsstreitigkeiten. Allerdings ist zu fragen, ob nicht über diese Organisationen und Gremien hinaus die Zusammenarbeit noch übergreifender praktisch durchgesetzt werden kann. So könnte eine internationale oder sogar supranationale Organisation gegründet werden, welche

---

457 Zu den Wesensmerkmalen einer „internationalen" oder „supranationalen Organisation" siehe nur *Seidl-Hohenveldern*, Völkerrecht, Rdnr. 800 ff.

458 UNTS 33, S. 181 ff.

459 In der Neufassung des deutschen Wortlauts v. 11.03.1969, BGBl. 1969 II, S. 597 ff.

460 BGBl. 1992 II. S. 943 ff.

461 BGBl. 1965 II, S. 1433 ff.

462 BGBl. 1990 II, S. 791 ff.

463 I.L.M. 36 (1997), S. 551 ff.

464 I.L.M. 34 (1995), S. 43 ff.

465 I.L.M. 34 (1995), S. 864 ff.

466 I.L.M. 32 (1993), S. 1147 ff.

sich nicht nur aus den Parteien des jeweiligen regional begrenzten Wassernutzungsvertrages zusammensetzt, sondern vielmehr international für die friedliche Regelung von Wassernutzungskonflikten zuständig wäre. Dadurch ließe sich international der „kooperative" Ansatz zur Konfliktlösung verfolgen, während dieser Ansatz momentan - wie gesehen - in noch sehr unterschiedlicher Weise in den einzelnen Verträgen umgesetzt wird. Als Leitlinien zur Konfliktlösung sollten einer solchen Organisation wegen der in den vorigen Abschnitten genannten Gründe neben dem Prinzip der angemessenen Nutzung auch das am wirtschaftswissenschaftlichen Effizienzprinzip ausgerichtete Prinzip der optimalen Nutzung dienen; eine Konkretisierung des Prinzips der angemessenen Nutzung anhand genau vorgeschriebener Kriterien wäre nicht erforderlich. Für das mögliche Scheitern einer einvernehmlichen Konfliktlösung könnte zudem eine - möglichst zwingende - internationale Gerichtsbarkeit vorgesehen werden. Jedoch hat bereits der Mangel an internationaler Rechtsprechung zu Wassernutzungskonflikten gezeigt, daß der „kooperative" Ansatz einer Entscheidungsfindung durch Dritte in diesen Fällen überlegen ist. Insofern dürfte die Einführung einer Gerichtsbarkeit - zudem wenn sie zwingend wäre - innerhalb einer neuen internationalen oder supranationalen Organisation wenig Aussicht auf praktische Umsetzung haben.

Der Gründung einer internationalen oder supranationalen Organisation zur kooperativen Lösung von Wassernutzungskonflikten dürften aber zum einen die unterschiedlichen Interessen der verschiedenen Staaten, welche aus ihrer jeweiligen Position z.B. als Ober- oder Unterlieger eines Gewässers resultieren, entgegenstehen.[467] Diese Interessen können für die Staaten überschaubarer in jeweils nur regionalen Regelungen durchgesetzt werden. Zum anderen kann der „kooperative" Ansatz, welcher sich aus der juristischen und wirtschaftswissenschaftlichen Betrachtung von Wassernutzungskonflikten ergibt, noch nicht als fester Bestandteil des Völkerrechts angesehen werden, so daß die Gründung einer solchen Organisation praktisch noch völlig unabsehbar ist. Nichtsdestoweniger wäre die Gründung einer solchen Organisation, welche als Leitlinien zur Konfliktlösung das Prinzip der angemessenen Nutzung und das Prinzip der optimalen Nutzung in einem „kooperativen" Ansatz vereinte, eine anzustrebende und praktisch sehr erfolgversprechende Entwicklung im internationalen Wassernutzungsrecht.

---

467 Zu den Schwierigkeiten, eine internationale Regelung zu Wasserfragen zu finden, vgl. nur die Schiffahrts-Konvention von Barcelona aus 1921, welche nie umfassende Geltung erlangte; dazu *Jennings/Watts*, *Oppenheim's International Law* I 2-4, § 179 m.w.N.

D. Ergebnis

Das Prinzip der angemessenen Nutzung wird in der ganz überwiegenden Anzahl internationaler Wassernutzungskonflikte angewendet und durch die neuere völkerrechtliche Vertragspraxis gestärkt. Seinen Niederschlag findet das Prinzip ebenso in den frühen Wassernutzungsverträgen mit konkreten Zahlenvorgaben wie auch in den „integrierten" Verträgen sowie in den Verträgen jüngerer Zeit, welche diese beiden Typen kombinieren, und in den zu aller Zeit verwendeten Verträgen allgemeinerer Natur.

Die wirtschaftswissenschaftliche Betrachtung zwischenstaatlicher Wassernutzungsstreitigkeiten ist für das völkerrechtliche Prinzip der angemessenen Nutzung in mehrfacher Hinsicht aufschlußreich. Zum einen zeigt die Spieltheorie, daß Zusammenarbeit auf langfristige Sicht stets das für alle Anlieger nutzbringendste Verhalten darstellt. Zum anderen ergibt sich aus der wirtschaftswissenschaftlichen Sichtweise, daß eine rein juristisch orientierte Lösung nicht immer die beste Lösung ist. Vielmehr führt die Einbeziehung des Effizienzgedankens in der völkerrechtlichen Praxis zu besseren Ergebnissen. Dies wurde anhand von Verträgen, in denen Ausgleichszahlungen vereinbart sind, aufgezeigt. Die Verfahrens-Komponente des Prinzips der angemessenen Nutzung entspricht aufgrund ihrer kooperationsfördernden und stabilisierenden Wirkung dem gefundenen spieltheoretischen Modell. Auch der *Internationale Gerichtshof* verweist z.B. in seinem jüngsten Gabčíkovo-Nagymaros-Urteil die Streitparteien auf zwischenstaatliche Verhandlungen, ohne eine konkrete Zuweisungsentscheidung zu treffen.

Bemühungen, das Prinzip der angemessenen Nutzung weiter anhand konkreter Kriterien auszudifferenzieren - wie es beispielsweise in den *ILA*- und *ILC*-Kodifikationen geschieht -, führen daher in die falsche Richtung. Das Prinzip ist gerade wegen seiner allgemeinen Natur in der völkerrechtlichen Praxis zur Konfliktlösung geeignet. Es bedarf in seiner völkergewohnheitsrechtlichen Ausgestaltung somit keiner weiteren Konkretisierung oder Kodifikation. Vielmehr ist die Einbeziehung wirtschaftlicher Effizienzgesichtspunkte sowie die Betonung der verfahrensrechtlichen Seite des Prinzips der angemessenen Nutzung der erfolgversprechendste Weg, in Zukunft eine alle Anliegerstaaten zufriedenstellende Nutzung internationaler Binnengewässer durch das Prinzip der angemessenen Nutzung sicherzustellen. Der Schaffung von Verfahrensregeln zur Zusammenarbeit gebührt daher Vorrang vor einer allgemeinen materiellen Festsetzung von Nutzungsrechten. Zur praktischen Umsetzung der

Zusammenarbeit in Wassernutzungskonflikten ist die Gründung einer internationalen oder supranationalen Organisation anzustreben.

E. Summary

This paper examines conflicts on international watercourses in terms of the juridical principle of equitable utilization and the economic game theory. The principle of equitable utilization is widely applied in international water treaties. In order to examine how this principle is applied, the relevant treaties are categorized into four different types: the early "classic" treaties, the treaties following an "integrated" approach, the recent treaties combining those two types and the treaties of a more common nature.

The economic approach to international water conflicts through application of the game theory is an important complement to the juridical principle of equitable utilization. Different game models show that in the long run cooperation is by far the most effective behaviour for all riparian countries concerned. Thus, efficiency criteria and a cooperative approach should be applied to a growing extent in international water law. The positive effects of this approach are examplified by treaties containing compensation payments and by the jurisdiction of the *International Court of Justice* on "equity" (*e.g.* its recent Gabcíkovo-Nagymaros decision). The optimum utilization principle and "property rights" are discussed as possible solutions in conflicts on international watercourses.

In conclusion, it is the wrong approach to apply the principle of equitable utilization by using more and more detailed criteria (as the *United Nations* and the *International Law Association* do in their respective codifications on international watercourses). This principle is apt to solve water conflicts just because of its wide nature. No further codification is necessary. More promising is the consideration of economic efficiency criteria. A cooperative rather than a distributive approach should be followed. Priority should be given to the creation of rules of procedure to solve international water conflicts over the material allocation of water.

Literaturverzeichnis

Accariez, Yvon-Claude — Le régime juridique de l'Indus, in: Zacklin, Ralph/Caflish, Lucius with Graham, Gerald/Dipla, Haritini (Hrsg.), The Legal Regime of International Rivers and Lakes - Le régime juridique des fleuves et des lacs internationaux, The Hague, Boston, London 1981, S. 53 ff.

Amelung, Torsten — Internationale Transferzahlungen zur Lösung globaler Umweltprobleme dargestellt am Beispiel der tropischen Regenwälder, in: Zeitschrift für Umweltpolitik und Umweltrecht 1991, S. 159 ff.

Andersson, Thomas — Government Failure - the Cause of Global Environmental Mismanagement, in: Ecological Economics 4 (1991), S. 215 ff.

Arcari, Maurizio — La controversia tra Slovacchia ed Ungheria circa la costruzione di un sistema di dighe sul Danubio, in: Rivista Giuridica dell'Ambiente, Milano 1993, S. 951 ff.

Baxter, Richard R. — The Indus Basin, in: Garretson, Albert H./Hayton, Robert D./Olmstead, Cecil J. (Hrsg.), The Law of International Drainage Basins, New York 1967, S. 443 ff.

Benvenisti, Eyal	Collective Action in the Utilization of Shared Freshwater: The Challenges of International Water Resources Law, in: American Journal of International Law 90 (1996), S. 384 ff.
Benz, Arthur **Scharpf, Fritz W.** **Zintl, Reinhard**	Horizontale Politikverflechtung: Zur Theorie von Verhandlungssystemen, Frankfurt/M., New York 1992.
Berber, Friedrich Joseph	Die Rechtsquellen des internationalen Wassernutzungsrechts, München 1955.
Bernauer, Thomas/Moser, Peter	Internationale Bemühungen zum Schutz des Rheins, in: Gehring, Thomas/Oberthür, Sebastian, Internationale Umweltregime: Umweltschutz durch Verhandlungen und Verträge, Opladen 1997, S. 147 ff.
Berrisch, Georg M.	The Danube Dispute under International Law, in: Austrian Journal of Public and International Law (Österreichische Zeitschrift für öffentliches Recht und Völkerrecht) 46 (1994), S. 231 ff.
Beyerlin, Ulrich	Grenzüberschreitender Umweltschutz und allgemeines Völkerrecht, in: Staat und Völkerrechtsordnung, Festschrift für Karl Doehring; Hailbronner, Kai/Ress, Georg/Stein, Torsten (Hrsg.), Beiträge zum ausländischen öffentlichen Recht und Völkerrecht, Band 98, Berlin, Heidelberg, New York, London, Paris, Tokyo, Hong Kong 1989, S. 37 ff.

Ders.	Umweltschutz und lokale grenzüberschreitende Zusammenarbeit (rechtliche Grundlagen), in: Bothe, Michael/Prieur, Michel/Ress, Georg (Hrsg.), Rechtsfragen grenzüberschreitender Umweltbelastung - Les problèmes juridiques posés par les pollutions transfrontières, Fachtagung/Colloque Saarbrücken vom 13.-15. Mai 1982, Gesellschaft für Umweltrecht, Société francaise pour le droit de l'environnement, Europainstitut der Universität des Saarlandes, Berlin 1984, S. 293 ff.
Blankenagel, Alexander	Umweltzertifikate - Die rechtliche Problematik, in: Wenz, Edgar Michael/Issing, Otmar/Hofmann, Hasso (Hrsg.), Ökologie, Ökonomie und Jurisprudenz, München 1987, S. 71 ff.
Bleckmann, Albert	Allgemeine Staats- und Völkerrechtslehre: vom Kompetenz- zum Kooperationsvölkerrecht, Köln, Berlin, Bonn, München 1995.
von Böventer, Edwin Illing, Gerhard (Hrsg.)	Einführung in die Mikroökonomie, 8. Auflage, München, Wien 1995.
du Bois, Francois	Water Rights and the Limits of Environmental Law, in: Journal of Environmental Law 6 (1994), S. 72 ff.
Boisson de Chazournes, Laurence	La mise en oeuvre du droit international dans le domaine de la protection de l'environnement: enjeux et défis, in: Revue Générale de Droit International Public, 99 (1995), S. 37 ff.

Bothe, Michael   The Evaluation of Enforcement Mechanisms in International Environmental Law: An Overview, in: Wolfrum, Rüdiger (Hrsg.), Enforcing Environmental Standards: Economic Mechanisms as Viable Means?, Beiträge zum ausländischen öffentlichen Recht und Völkerrecht, Band 125, Berlin, Heidelberg, New York, Barcelona, Budapest, Hong Kong, London, Mailand, Paris, Santa Clara, Singapur, Tokio 1996.

Ders.   Rechtliche Voraussetzungen für den Einsatz von handelbaren Emissionszertifikaten am Beispiel von SO_2, in: Neue Zeitschrift für Verwaltungsrecht 1995, S. 937 ff.

Ders.   Bilan de Recherches de la Section de Langue Francaise du Centre d'Étude et de Recherche de l'Académie, in: Académie de Droit International de La Haye, Centre d'Étude et de Recherche de Droit International et de Relations Internationales/Hague Academy of International Law, Centre for Studies and Research in International Law and International Relations (Hrsg.) 1994, La Politique de l'Environnement: de la Réglementation aux Instruments Économiques/Environmental Policy: From Regulation to Economic Instruments, Dordrecht, Boston, London 1995, S. 17 ff.

Ders.   The Role of International Environmental Law, in: Höll, Otmar (Hrsg.), Environmental Cooperation in Europe: The

	Political Dimension, Boulder, San Francisco, Oxford 1994, S. 123 ff.
Ders.	Umweltschutz durch internationales Recht, in: Czechoski, Pawel/Hendler, Reinhard (Hrsg.), Umweltrecht in Mittel- und Osteuropa, Referate der ersten "Warschauer Gespräche zum Umweltrecht" vom 26. bis 29. September 1989, Stuttgart, München, Hannover, Berlin 1992, S. 151 ff.
Bourne, Charles B.	The International Law Association's Contribution to International Water Resources Law, in: Natural Resources Journal 36 (1996), S. 155 ff.
Ders.	Procedure in the Development of International Drainage Basins: The Duty to Consult and to Negotiate, in: Canadian Yearbook of International Law, Volume X, 1972.
Brams, Steven J.	Negotiation Games: Applying Game Theory to Bargaining and Arbitration, New York, London 1990.
Braverman, Avishay	Wasser: Element des Friedens und des Konflikts, in: Internationale Politik 7/1995, S. 51 ff.
Brunnée, Jutta/Toope, Stephen J.	Environmental Security and Freshwater Resources: Ecosystem System Building, in: American Journal of International Law 91 (1997), S. 26 ff.
Bush, William	Compensation and the Utilization of International Rivers and Lakes: The Role of Compensation in the Event of

	Permanent Injury to Existing Uses of Water, in: Zacklin, Ralph/Caflish, Lucius with Graham, Gerald/Dipla, Haritini (Hrsg.), The Legal Regime of International Rivers and Lakes - Le régime juridique des fleuves et des lacs internationaux, The Hague, Boston, London 1981, S. 309 ff.
Caldwell, Lynton K.	Garrison Diversion: Constraints on Conflict Resolution, in: Natural Resources Journal 24 (1984), S. 839 ff.
Caponera, Dante A.	Legal Aspects of Transboundary River Basins in The Middle East: The Al Asi (Orontes), The Jordan and The Nile, in: Natural Resources Journal 33 (1993), S. 629 ff.
Ders.	The Legal Status of the Shatt-al-Arab (Tigris and Euphrates) River Basin, in: Austrian Journal of Public and International Law (Österreichische Zeitschrift für öffentliches Recht und Völkerrecht) 45 (1993), S. 113 ff.
Caubet, Christian G.	Le Traité de Coopération Amazonienne: régionalisation et développement de l'Amazonie, in: Annuaire Francais de Droit International 30 (1984), S. 803 ff.
Constantin, Anghel	L'information et la consultation préalables des États tiers, susceptibles d'ètre affectés par une pollution transfrontière, in: Revue Roumaine d'Études Internationales 1986, S. 145 ff.

Dahm, Georg
Delbrück, Jost
Wolfrum, Rüdiger Völkerrecht, Band I/1, Die Grundlagen, Die Völkerrechtssubjekte, 2. Auflage, Berlin, New York 1989.

Dellapenna, Joseph W. Water in the Jordan Valley: The Potential and Limits of Law, in: The Palestine Yearbook of International Law, Volume V, 1989, S. 15 ff.

Dichter, Harold The Legal Status of Israel's Water Policies in the Occupied Territories, in: Harvard International Law Journal 35 (1994), S. 565 ff.

Dicke, Klaus Grenzüberschreitende Umweltverschmutzung als völkerrechtliches Problem, in: Haendcke-Hoppe, Maria/Merkel, Konrad (Hrsg.), Umweltschutz in beiden Teilen Deutschlands, Schriftenreihe der Gesellschaft für Deutschlandforschung, Band XIV, Jahrbuch 1985, Berlin 1986.

Dombrowsky, Ines Wasserprobleme im Jordanbecken: Perspektiven einer gerechten und nachhaltigen Nutzung internationaler Ressourcen, Frankfurt/M., Berlin, Bern, New York, Paris, Wien 1995.

Dräger, Jürgen Die Wasserentnahme aus internationalen Binnengewässern, Bonn 1970.

Dupuy, Pierre Marie La gestion concertée des ressources naturelles: à propos du differend entre le Brésil et l'Argentine relatif au barrage d'Itaipu, in: Annuaire Francais de Droit International 24 (1978), S. 866 ff.

Durth, Rainer	Zwischenstaatliche Zusammenarbeit an grenzüberschreitenden Flüssen und regionale Integration, in: Zeitschrift für Umweltpolitik und Umweltrecht 1996, S. 183 ff.
Eidenmüller, Horst	Ökonomische und spieltheoretische Grundlagen von Verhandlung/Mediation, in: Breidenbach, Stephan/Henssler, Martin (Hrsg.), Mediation für Juristen: Konfliktbehandlung ohne gerichtliche Entscheidung, Köln 1997, S. 31 ff.
Ders.	Effizienz als Rechtsprinzip: Möglichkeiten und Grenzen der ökonomischen Analyse des Rechts, Tübingen 1995.
Elmusa, Sharif S.	Dividing Common Water Resources According to International Water Law: The Case of the Palestinian-Israeli Waters, in: Natural Resources Journal 35 (1995), S. 223 ff.
Endres, Alfred	Zur Ökonomie internationaler Umweltschutzvereinbarungen, in: Zeitschrift für Umweltpolitik und Umweltrecht 1995, S. 143 ff.
Ders. **Rehbinder, Eckard** **Schwarze, Reimund**	Umweltzertifikate und Kompensationslösungen aus ökonomischer und juristischer Sicht, Bonn 1994.
Endres, Alfred	Umweltzertifikate - Die marktwirtschaftliche Lösung?, in: Wenz, Edgar Michael/Issing, Otmar/Hofmann, Hasso

	(Hrsg.), Ökologie, Ökonomie und Jurisprudenz, München 1987, S. 57 ff.
Finus, Michael	Eine spieltheoretische Betrachtung internationaler Umweltprobleme: Eine Einführung, in: Jahrbuch Ökonomie und Gesellschaft, Bd. 14 (1997), S. 239 ff.
„Fischer Weltalmanach 1998"	von Baratta, Mario (Hrsg.), Frankfurt/M. 1997.
Friedmann, Wolfgang	The Changing Structure of International Law, London 1964.
Garretson, Albert H.	The Nile Basin, in: Garretson, Albert H./Hayton, Robert D./Olmstead, Cecil J. (Hrsg.), The Law of International Drainage Basins, New York 1967, S. 256 ff.
Ders. Hayton, Robert D. Olmstead, Cecil J. (Hrsg.)	The Law of International Drainage Basins, New York 1967.
Godana, Bonaya Adhi	Africa's Shared Water Resources, London, Boulder 1985.
Gosseries, Axel	The 1994 Agreements Concerning the Protection of the Scheldt and Meuse Rivers, in: European Environmental Law Review 4 (1995), S. 9 ff.
Government of Israel	Development Options for Cooperation: The Middle East/East Mediterranean Region 1996, Version IV, August 1996 (ohne Ortsangabe).

Graf Vitzthum, Wolfgang (Hrsg.)	Völkerrecht, Berlin, New York 1997.
Graham, Gerald	International Rivers and Lakes: The Canadian-American Regime, in: Zacklin, Ralph/Caflish, Lucius with Graham, Gerald/Dipla, Haritini (Hrsg.), The Legal Regime of International Rivers and Lakes - Le régime juridique des fleuves et des lacs internationaux, The Hague, Boston, London 1981, S.3 ff.
Grewe, Wilhelm G.	Epochen der Völkerrechtsgeschichte, 2. Auflage, Baden-Baden 1988.
Hafner, Gerhard	The Optimum Utilzation Principle and the Non-Navigational Uses of Drainage Basins, in: Austrian Journal of Public and International Law (Österreichische Zeitschrift für öffentliches Recht und Völkerrecht) 45 (1993), S. 113 ff.
Heintschel von Heinegg, Wolff	Die außervertraglichen (gewohnheitsrechtlichen) Rechtsbeziehungen im Umweltvölkerrecht, in: Umwelt und Recht, Lorz, Ralph Alexander/Spies, Ute/Deventer, Wolfgang Götz/Schmidt-Schlaeger, Michaela (Hrsg.), 30. Tagung der wissenschaftlichen Mitarbeiter der Fachrichtung "Öffentliches Recht" (Marburg 1990), Stuttgart, München, Hannover, Berlin 1991, S. 110 ff.
Frhr. von der Heydte, Friedrich August	Der Paraná-Fall: Probleme der gemeinsamen Nutzung der Wasserkraft eines internationalen Stroms, in: Festschrift für Friedrich Berber; Dieter Blumen-

	witz, Albrecht Randelzhofer (Hrsg.), München 1973, S. 207 ff.
Hohmann, Harald (Hrsg.)	Basic Documents of International Environmental Law, vol. 2, London, Dordrecht, Boston 1992.
Ders.	Präventive Rechtspflichten und -prinzipien des modernen Umweltvölkerrechts: Zum Stand des Umweltvölkerrechts zwischen Umweltnutzung und Umweltschutz, Schriften zum Völkerrecht, Band 97, Berlin 1992 (zugl. Diss. Frankfurt/M. 1991).
Holler, Manfred J. Illing, Gerhard (Hrsg.)	Einführung in die Spieltheorie, 3. Auflage, Berlin, Heidelberg, New York 1996.
Ipsen, Knut	Völkerrecht, 3. Auflage, München 1990.
Jennings, Robert Watts, Arthur (Hrsg.)	*Oppenheim's* International Law, Vol. I, Parts 2 to 4, 9. Auflage, Harlow 1992.
Johnson, Ralph W.	The Columbia Basin, in: Garretson, Albert H./Hayton, Robert D./Olmstead, Cecil J. (Hrsg.), The Law of International Drainage Basins, New York 1967, S. 167 ff.
Kally, Elisha with **Fishelson, Gideon** (Hrsg.)	Water and Peace: Water Resources and the Arab-Israeli Peace Process, Westport, London 1993.

Kamminga, Menno T.	Who can clean up the Rhine: The European Community or the International Rhine Commission?, in: Zacklin, Ralph/Caflish, Lucius with Graham, Gerald/Dipla, Haritini (Hrsg.), The Legal Regime of International Rivers and Lakes - Le régime juridique des fleuves et des lacs internationaux, The Hague, Boston, London 1981, S. 371 ff.
Kamto, Maurice	Le droit international des ressources en eau continentales africaines, in: Annuaire Francais de Droit International 36 (1990), S. 843 ff.
Kilian, Michael/Pätzold, Ralf	Anmerkungen zum Urteil des VG Straßburg vom 27.7.1983 im niederländisch-französischen Rheinversalzungsprozeß, Umwelt- und Planungsrecht 1984, S. 155 ff.
Kirgis, Jr., Frederic L.	Prior Consultation in International Law: A Study of State Practice, Charlottesville 1986.
Kirn, Jackie Krolopp/ Marts, Marion E.	The Skagit-High Ross Controversy: Negotiation and Settlement, in: Natural Resources Journal 26 (1986), S. 261 ff.
Knoepfel, Peter (Hrsg.)	Lösung von Umweltkonflikten durch Verhandlung: Beispiele aus dem In- und Ausland, Solution de conflits environnementaux par la négotiation: exemples suisses et étrangers, Basel, Frankfurt/M. 1995
Krumm, Raimund	Internationale Umweltpolitik: eine Analyse aus umweltökonomischer

	Sicht, Berlin, Heidelberg, New York 1996 (zugl. Diss. Tübingen 1995).
Kube, Hanno	Private Property in Natural Resources and Inalienable Public Rights - the Example of the Public Trust Doctrine in American Environmental Law, in: Jahrbuch des Umwelt- und Technikrechts 1996, Umwelt- und Technikrecht Band 36, S. 77 ff.
Lammers, Johan G.	Pollution of International Watercourses: A Search for Substantive Rules and Principles of Law, Boston, The Hague, Doordrecht, Lancaster 1984.
Lang, Winfried	Internationaler Umweltschutz: Völkerrecht und Außenpolitik zwischen Ökonomie und Ökologie, Wien 1989.
Ders.	Haftung und Verantwortlichkeit im internationalen Umweltschutz, in: Ius Humanitatis, Festschrift für Alfred Verdross; Miehsler, Herbert/Mock, Erhard/Simma, Bruno/Tammelo, Ilmar (Hrsg.), Berlin 1980, S. 517 ff.
Lechner, Wolfgang	Wo die Macht des Wassers Frieden stiftet, in: Zeit-Magazin Nr. 13 v. 22.03.1996, S. 12 ff.
Lehn, Helmut	
Steiner, Magdalena	
Mohr, Hans	Wasser - die elementare Ressource: Leitlinien einer nachhaltigen Nutzung, Berlin, Heidelberg, New York, Barcelona, Budapest, Hong Kong, London, Mailand, Paris, Santa Clara, Singapur, Tokio 1996.

Lennertz, Michael	Wasser für die Wüste: Libyen macht sich die Natur untertan, in: FAZ Magazin Nr. 831 v. 02.02.1996, S. 24 ff.
Lipper, Jerome	Equitable Utilization, in: Garretson, Albert H./Hayton, Robert D./Olmstead, Cecil J. (Hrsg.), The Law of International Drainage Basins, New York 1967, S. 15 ff.
von Lucius, Robert	Lesotho setzt seine Hoffnungen auf den Verkauf seines Wassers, in: Frankfurter Allgemeine Zeitung v. 18.03.1996, S. 16.
McCaffrey, Stephen C./ Sinjela, Mpazi	The 1997 United Nations Convention on International Watercourses, in: American Journal of International Law 92 (1998), S. 97 ff.
McCaffrey, Stephen C.	Water, Politics and International Law, in: Gleick, Peter H. (Hrsg.), Water in Crisis, A Guide to the World's Fresh Water Resources, New York, Oxford 1993, S. 92 ff.
Ders.	International Organizations and the Holistic Approach to Water Problems, in: Natural Resources Journal 31 (1991), S. 139 ff.
Meyers, Charles J.	The Colorado Basin, in: Garretson, Albert H./Hayton, Robert D./Olmstead, Cecil J. (Hrsg.), The Law of International Drainage Basins, New York 1967, S. 486 ff.

Mustafa, I.	The Arab-Israeli Conflict over Water Resources, in: Isaac, Jad/Shuval, Hillel (Hrsg.), Water and Peace in the Middle East, Studies in Environmental Science vol. 58, Amsterdam, London, New York, Tokyo 1994, S. 123 ff.
Nguyen Quoc, Dinh Daillier, Patrick Pellet, Alain	Droit International Public, 4. Auflage, Paris 1992.
Nollkaemper, Peter Andreas	The Legal Regime for Transboundary Water Pollution: Between Discretion and Constraint, Dordrecht 1993 (zugl. Diss. Utrecht 1993).
Odidi Okidi, Charles	History of the Nile and Lake Victoria Basins through Treaties, in: Howell, Paul P./Allan, J.A. (Hrsg.), The Nile - Sharing a Scarce Resource, Cambridge 1994, S. 321 ff.
Oppermann, Thomas	„Grenzüberschreitende Umweltbelastung", in: Kimminich, Otto/Freiherr von Lersner, Heinrich/Storm, Peter-Christoph (Hrsg.), Handwörterbuch des Umweltrechts, I. Band, Berlin 1986, Sp. 683 ff.
Putnam, Robert D.	Diplomacy and Domestic Politics: The Logic of Two-Level Games, in: Evans, Peter B./Jacobson, Harold K./Putnam, Robert D. (Hrsg.), Double-Edged Diplomacy: International Bargaining and Domestic Politics, Berkeley, Los Angeles, London 1993, S. 431 ff. (Aufsatz erstmalig erschienen in International Organization 42 (1988), S. 427 ff.)

Rauschning, Dietrich	Allgemeine Völkerrechtsregeln zum Schutz gegen grenzüberschreitende Umweltbeeinträchtigungen, in: Staatsrecht - Völkerrecht - Europarecht, Festschrift für Hans-Jürgen Schlochauer; von Münch, Ingo (Hrsg.), Berlin, New York 1981, S. 557 ff.
Reinicke, Andreas	Die angemessene Nutzung gemeinsamer Naturgüter, Frankfurt/M., Bern, New York, Paris 1991 (zugl. Diss. Gießen 1990).
Rest, Alfred	Internationaler Umweltschutz vor Verwaltungs-, Zivil- und Strafgerichten: Der niederländisch-französische Rheinverschmutzungsprozeß, in: Austrian Journal of Public and International Law (Österreichische Zeitschrift für öffentliches Recht und Völkerrecht) 35 (1985), S. 225 ff.
Ders.	Schadenersatzansprüche des einzelnen nach Zivil- und Völkerrecht - das Urteil des Rotterdamer Zivilgerichts vom 16.12.1983 im niederländisch-französischen Rheinversalzungsprozeß -, in: Umwelt- und Planungsrecht 1984, S. 148 ff.
Rogalla, Dieter	Umweltgefährdende Anlagen in Grenznähe aus völkerrechtlicher Sicht, in: Natur und Recht 1987, S. 193 ff.
Rüb, Matthias	Auferstandener Donausaurier und wiederbelebte Gegner, in: Frankfurter Allgemeine Zeitung v. 28.02.1998, S. 9 f.

Sadler, Barry	The Management of Canada-U.S. Boundary Waters: Retrospect and Prospect, in: Natural Resources Journal 26 (1986), S. 359 ff.
Sand, Peter H.	The Present State of Research Carried Out by the English-Speaking Section of the Centre for Studies and Research, in: Académie de Droit International de La Haye, Centre d'Étude et de Recherche de Droit International et de Relations Internationales/Hague Academy of International Law, Centre for Studies and Research in International Law and International Relations (Hrsg.) 1994, La Politique de l'Environnement: de la Réglementation aux Instruments Économiques/Environmental Policy: From Regulation to Economic Instruments, Dordrecht, Boston, London 1995, S. 75 ff.
Sands, Philippe	Principles of International Environmental Law I: Frameworks, Standards and Implementation, Manchester 1992.
Schiedermair, H./Rest, A.	„Wasserrecht (international)", in: Kimminich, Otto/Freiherr von Lersner, Heinrich/Storm, Peter-Christoph (Hrsg.), Handwörterbuch des Umweltrechts, II. Band, Berlin 1988, Sp. 1122 ff.
Schiffler, Manuel	Konflikte um Wasser - ein Fallstrick für den Friedensprozeß im Nahen Osten?, in: Aus Politik und Zeitgeschichte B 11/95 (10.03.1995), S. 13 ff.

Seidl-Hohenveldern, Ignaz	Völkerrecht, 9. Auflage, Köln, Berlin, Bonn, München 1997.
Siweris, Erwin	Umweltzertifikate stehen in der Bewährungsprobe: Beispiel aus Kalifornien für Deutschland?, in: Blick durch die Wirtschaft vom 24.01.1996, S. 10.
„Der Spiegel"	Nr. 22/1992, „Um Leben und Tod" - Der Kampf um die Wasserreserven wird zum globalen Konfliktpotential, S. 184 ff. (ohne Autorenangabe).
„Der Spiegel"	Nr. 19/1996, Hahn abgedreht, S. 154 f. (ohne Autorenangabe).
Stoll, Martin	Das völkerrechtliche Prinzip der angemessenen Nutzung internationaler Binnengewässer, Diss. Gießen 1979.
Storm, P.-C.	Bericht der Arbeitsgruppe "Begriff 'Information', 'Konsultation', 'Verhandlung', 'Kooperation', 'Abstimmung'", in: Bothe, Michael/Prieur, Michel/Ress, Georg (Hrsg.), Rechtsfragen grenzüberschreitender Umweltbelastung - Les problèmes juridiques posés par les pollutions transfrontières, Fachtagung/Colloque Saarbrücken vom 13.-15. Mai 1982, Gesellschaft für Umweltrecht, Société francaise pour le droit de l'environnement, Europainstitut der Universität des Saarlandes, Berlin 1984, S. 279 ff.
Süß, Birgit/Adler, Wolfram	Neue Entwicklungen im Internationalen Wasserrecht, in: Zeitschrift für Wasserrecht 1995, S. 197 ff.

Taylor, Michael/Ward, Hugh	Chickens, Whales, and Lumpy Goods: Alternative Models of Public-Goods Provision, in: Political Studies 30 (1982), S. 350 ff.
Teclaff, Ludwik A.	Evolution of the River Basin Concept in National and International Water Law, in: Natural Resources Journal 36 (1996), S. 359 ff.
Ders.	Treaty Practice Relating to Transboundary Flooding, in: Natural Resources Journal 31 (1991), S. 109 ff.
Ulfkotte, Udo	Von der Bedeutung des Wassers im Nahen Osten, in: Frankfurter Allgemeine Zeitung v. 06.06.1995, S. 3.
Verdross, Alfred Simma, Bruno	Universelles Völkerrecht, Theorie und Praxis, 3. Auflage, Berlin 1984.
Varian, Hal R.	Mikroökonomie, 3. Auflage, München 1994.
Vida, Alexander	Das Donaukraftwerk aus verwaltungs- und völkerrechtlicher Sicht, in: Jahrbuch des Umwelt- und Technikrechts 1991, Umwelt- und Technikrecht Band 15, S. 313 ff.
Vinogradov, Sergei	Transboundary Water Resources in the Former Soviet Union: Between Conflict and Cooperation, in: Natural Resources Journal 36 (1996), S. 393 ff.
Vogelsang, Martin	Vom Nachbarrecht zum Umweltrecht: der Wandel des Umweltvölkerrechts - am Beispiel der UNEP-Guidelines über

	die Nutzung gemeinsamer geteilter Ressourcen -, in: Umwelt- und Planungsrecht 1992, S. 419 ff.
Wallis, Shani with **Gower, John** **Onoszko, Bogdan**	Lesotho Highlands Water Project, Volume 2, LASERLINE, Surrey (UK), November 1993.
Weimann, Joachim	Umweltökonomik, 3. Auflage, Berlin, Heidelberg, New York, London, Paris, Tokyo, Hong Kong, Barcelona, Budapest 1995.
Weimer, Wolfram	Wenn Wasser kanpp wird, in: Frankfurter Allgemeine Zeitung v. 16.09.1995, S. 13.
Ders.	Sechs Millionen Spaniern wird das Wasser rationiert, in: Frankfurter Allgemeine Zeitung v. 09.08.1995, S. 8.
Wouters, Patricia K.	An Assessment of Recent Developments in International Watercourse Law through the Prism of the Substantive Rules Governing Use Allocation, in: Natural Resources Journal 36 (1996), S. 417 ff.
Dies.	Allocation of the Non-Navigational Uses of International Watercourses: Efforts at Codification and the Experience of Canada and the United States, in: Canadian Yearbook of International Law 30 (1992), S. 43 ff.

Zacklin, Ralph/Caflish, Lucius with
Graham, Gerald/Dipla, Haritini
(Hrsg.) The Legal Regime of International Rivers and Lakes - Le régime juridique des fleuves et des lacs internationaux, The Hague, Boston, London 1981.

Zehetner, Franz Verfahrenspflichten bei Zulassung umweltbelastender Anlagen, in: Bothe, Michael/Prieur, Michel/Ress, Georg (Hrsg.), Rechtsfragen grenzüberschreitender Umweltbelastung - Les problèmes juridiques posés par les pollutions transfrontières, Fachtagung/Colloque Saarbrücken vom 13.-15. Mai 1982, Gesellschaft für Umweltrecht, Société francaise pour le droit de l'environnement, Europainstitut der Universität des Saarlandes, Berlin 1984, S. 43 ff.

**Schriften zum Europa- und Völkerrecht
und zur Rechtsvergleichung**

Herausgegeben von Prof. Dr. Manfred Zuleeg

Band 1 Mathias Mühlhans: Internationales Wassernutzungsrecht und Spieltheorie. Die Bedeutung der neueren völkerrechtlichen Vertragspraxis und der wirtschaftswissenschaftlichen Spieltheorie für das Prinzip der angemessenen Nutzung internationaler Binnengewässer. 1998.